新装改版

位相への30講

朝倉書店

は　し　が　き

　20 世紀もしだいに終りに近づいて，次の世紀の迫ってくる足音が少しずつ聞えてくるようになってきた．振り返ってみると，20 世紀になってから，数学は，それまでの数学にはみられなかったような方向へ大きく進展し，その過程でいろいろな新しい考えを導入してきた．これらの新しい考え方の多くは，誕生当初は誰にでも近づきやすいものであったが，やがて数学の中で熟成され抽象化されてくるにつれて，一般の人たちの理解をはるかに超えたものとなり，数学の専門家だけが読みとれるような難しい形式によって書き表わされるようになってしまった．

　このような一般的な傾向の中にあって，位相という考えだけは，数学者の専門集団を越えて，しだいに広い範囲へと浸透していったようである．位相という言葉を聞きなれない人でも，トポロジーといえば，その言葉はどこかで聞いたことがあると思い出す人も多いだろう．トポロジーという数学の分野は，かなり広い研究対象を含んでおり，それを特定することは難しいが，遠い近いという日常的なごくありふれた感じ，あるいは何か近づいてくるような感覚的なものを，数学的にいい表わしてみたいと考えると，そこに何か言葉がほしくなってくる．このような言葉を用意するものが，プリミティヴの意味でトポロジーであるといってよい．

　この近さの感覚は漠然としているものだけに，ここから数学的な対象となるものを取り出して，正確な考えを進めることができるようにするためには，極度に鋭い感性に支えられた，分析力と抽象力とが必要であった．これに対する数学者の努力は，20 世紀初頭からはじまって 1930 年代まで続いたのであって，このようにして得られた理論は，位相空間の理論として広く知られるようになった．位相空間の考え方は，数学の野を広く潤していっただけではなくて，その影響は物理学や情報工学や経済学，心理学など，広い範囲にまで及んだのである．

しかし，位相空間の理論の枠組は今では完全にでき上がってしまったので，これをそのまま何の用意もなく学んで理解することは，なかなか難しいことになってしまった．実際はこの理論の奥にひそむものは，私たちの近さに対する柔らかい感性なのだが，完成された数学の理論が往々そうであるように，ここでもやはり，数学は，形式論理の壁で囲まれた堅牢な建物のような外観を，理論全体に与えてしまったのである．数学内部における理論体系の完成は，その完全さによって，かえって数学者以外の一般の人をそこから遠ざけるようにしてしまうということは，やむを得ぬことかもしれないが，望ましいこととはいえないように私は思う．

　ここでは，位相空間への道を，私たちの中にある近さに対する感性を拠り所としながら，一歩一歩手探りするような慎重さで学んでいく方向にとってみた．この道を進めば，やがて読者の眼の前に位相空間の理論の全容が浮かび上がってくるだろう．理論を知ることではなくて，理論の意味を知ることが重要なのである．この本を読み終えられた読者が，位相空間という抽象的な建造物の中にひそむ柔らかな感触を，少しでも感じとってもらえるならば，私としては嬉しいことである．

　終りに，本書の出版に際し，いろいろとお世話になった朝倉書店の方々に，心からお礼申し上げます．

　　1988 年 8 月

　　　　　　　　　　　　　　　　　　　　　　　著　　　　　者

目　　次

第 1 講　遠さ，近さと数直線 ………………………………………… 1

第 2 講　平面上の距離，点列の収束 ……………………………… 8

第 3 講　開集合，閉集合 …………………………………………… 17

第 4 講　集積点と実数の連続性 …………………………………… 26

第 5 講　コンパクト性 ……………………………………………… 35

第 6 講　写像と集合演算 …………………………………………… 42

第 7 講　連　続　性 ………………………………………………… 49

第 8 講　連続性と開集合 …………………………………………… 57

第 9 講　部分集合における近さと連結集合 …………………… 64

第10 講　距離空間へ ………………………………………………… 71

第11 講　距離空間の例 ……………………………………………… 77

第12 講　距離空間の例 (つづき) ………………………………… 85

第13 講　点列の収束，開集合，閉集合 ………………………… 91

第14 講　近傍と閉包 ………………………………………………… 99

第15 講　連　続　写　像 …………………………………………… 107

第16 講　同　相　写　像 …………………………………………… 114

第17 講　コンパクトな距離空間 ………………………………… 120

第18 講　連　結　空　間 …………………………………………… 128

第19 講　コーシー列と完備性 …………………………………… 134

第20 講　完備な距離空間 …………………………………………… 140

第 21 講　ベールの性質の応用 ･････････････････････････････････ 147

第 22 講　完　備　化 ･･･ 153

第 23 講　距離空間から位相空間へ ･････････････････････････････ 160

第 24 講　位　相　空　間 ･････････････････････････････････････ 166

第 25 講　位相空間上の連続写像 ･･･････････････････････････････ 173

第 26 講　位相空間の構成 ･･･････････････････････････････････ 180

第 27 講　コンパクト空間と連結空間 ･･･････････････････････････ 187

第 28 講　分　離　公　理 ･････････････････････････････････････ 194

第 29 講　ウリゾーンの定理 ･････････････････････････････････ 201

第 30 講　位相空間から距離空間へ ･････････････････････････････ 207

問題の解答 ･･ 214

索　　　引 ･･･ 217

第 **1** 講

遠さ，近さと数直線

┌─ テーマ ─────────────────────────┐

◆ 近さの感じは，時間，空間の中に深くひそんでいる.

◆ 近さを測るためには実数を用いる.

◆ 長い長い物差し──数直線

◆ 2つのものの位置関係の数直線上への表わし方

◆ 絶対値

◆ 2点間の距離

└──────────────────────────────┘

近 さ と は

　位相とは，近さの感覚を背景にして展開するような，かなり広い数学の対象を指し示すとき用いられる術語である．したがって，位相の話をはじめるにあたって，近さということをどのように考えるかという設問を最初におくことは，ごく自然のことと思っていた．しかし，このような問いかけは，数学者には当り前にみえても，ふつうの人には，何か奇妙に響くのではないだろうか．なぜかというと，私たちの日常の生活の中で，2つのものが，どちらが近くにあり，どちらが遠くにあるかを比べるようなことは，いつも行なっていることだし，またそのことから，'近さ'とは一体何だろうと考えるようなことは，まずないからである．

　たとえば，机の上にある本とノート・ブックが，どちらが手近にあるかは聞かれなくともわかっていることだし，また家から郵便局へ行く方が，駅へ行くよりずっと近いというようないい方も，ごくふつうのいい方で，ここに考えることなど，何もありそうにない．

　遠い近いは，物差しとか，地図の上で距離を調べることによって，すぐにわかることである．もっとも，このように，長さで遠近を調べるだけではないような場合もある．たとえば，室町時代は明治時代より，ずっと遠い昔のことだという．

このとき遠い近いは，時間で測っている．もっと身近な例では，東京の郊外から車で東京駅へ行くとき，車の渋滞を避けるために，どの道を通ったら近いだろうかと考えるときは，道の長さを，距離ではなくて，通過に要する時間で測っている．

いずれにしても明らかなことは，このような遠近の感覚というものは，私たちの経験の中にほとんど無条件に取り入れられているものであって，いい方をかえれば，遠い近いという認識の仕方は，私たちが生きているこの時間・空間の中にある，先験的な直観形式からくるものなのだろう．だから'近さ'というものを，取り立てて考える機会など，ほとんどないのである．

数 直 線

このような，遠さ近さを測り比べるのに，私たちは，いろいろな種類の物差しとか，いろいろな単位の時間を使うのだが，数学では，これらを抽象化して，数直線という'長い長い物差し'を1本用意しておいて，その目盛りによって，これらの遠い近いを数量的に表わそうとする．

数直線については，すでにこのシリーズでも，『微分・積分30講』や『集合への30講』の中で詳しく述べてきたから，ここでは簡単に述べるだけにしておこう．直線上に(直線は横に引いておくとする)原点Oと，Oの右側に単位点Eをとり，Oに0，Eに1の目盛りをつけると，自然にこの直線上に整数の目盛り，$\ldots, -3, -2, -1, 0, 1, 2, 3, \ldots$ が得られる．0と1の間をn等分する点を，各整数区間に同じように配列することにより，有理数 $\frac{m}{n}$ を目盛る点が決まってくる．さらに，有理数の目盛りをもつ点列が，しだいに近づいていく先の点に対しても，実数の目盛りを与えることによって，直線上の点と，実数とが，この目盛りによって1対1に対応する．実数の目盛りは一般には無限小数で表わされている．このようにして得られた直線を数直線という．

したがって，数直線上には，$\sqrt{2} = 1.4142\cdots$ や $\pi = 3.14159\cdots$ のような数に

図 1

対しても，ちょうど1つの目盛りが与えられていることになる．

　数直線上の各点Pに与えられたこの目盛りのことを，Pの<u>座標</u>という．点Pが座標 a をもつことを明示したいときには，P(a) と書く．P(1)，P(2)，P(3)，…などは，自然数を座標にもつ点であり，P($\sqrt{2}$) と P(π) は，それぞれ $\sqrt{2}$，π を，座標にもつ点を表わしている．

数直線と2つのものの位置関係

　考えてみると，私たちは，この数直線を非常に身近なものに感じとっている．たとえば，自分の家から，30m歩いた所にある木の多い家と，反対方向へ50m歩いた所にあるスーパー・マーケットというとき，頭の中では，無意識のうちに，この2つの位置関係を，数直線上の点 P(30) と P(−50) に近いものを描いて感じとっている．また30年先のことと，50年前のことを整理して考えようとすると，やはり，現在を座標原点において，時間は一直線上に並んでいると思って，似たようなことを考えている．

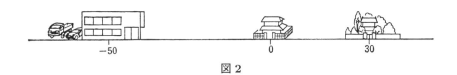

図2

　実数には大小関係があって，たとえば
$$-5.1 < -5 < -3 < 2 < 100 < 100.56$$
であるが，この大小関係は，数直線の点としては，左から右へ進むに従って，その点を表わす<u>座標</u>が，しだいに大きくなっているということで表わされている．

　しかし，私たちに関心のあるのは，この大小関係より，むしろ数直線上にある2点間の相互の距離である．自分の家が図2で示したように図示されているときには，門を出て右へ50m進むとスーパー・マーケットがあるという状況は，点 P(−50) で表わされるが，

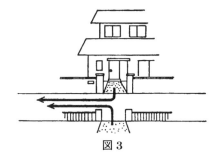

図3

4   第1講 遠さ，近さと数直線

この家に道路をへだてて面した所にある家の人は，今度は，門を出て左へ50m進むとスーパー・マーケットがあるというだろう (図3)．したがってこの家の人が，図2のような図をかくとしたら，スーパー・マーケットは，自分の家の右側に，点 P(50) の場所にかくだろう．こうかいても，相互の位置を表わす関係は，少しも変わっていない．スーパー・マーケットの位置を，左にかこうが右にかこうが，どちらがよいとも，正しいともいえないということは，数の方からいえば，2つの位置関係を示すのに，数の大小ということはあまり関係ないということを示している．

また，位置関係ということだけに注目するならば，自分の家を座標原点におくことも，あまり必然的な意味はないことになる．自己中心的に考えた方が考えやすいという心理的なことさえ除けば，たとえばスーパー・マーケットを座標原点にとって，自分の家を P(50) の所に，また木の多い家を P(80) の所にかいても差しつかえないわけである．

絶 対 値

数直線上の2点の間の距離を示すためには，実数の絶対値という概念が有用である．

実数 a の絶対値とは

$$a \text{ が正のときには} \quad |a| = a;$$
$$a \text{ が0のときには} \quad |0| = 0;$$
$$a \text{ が負のときには} \quad |a| = -a$$

として定義される．数直線上でいえば，a の絶対値 $|a|$ とは，原点 O から，点 P(a) までの長さである．

たとえば

$$|5| = |-5| = 5, \quad |-100| = 100, \quad |6-10| = |-4| = 4$$

である．

絶対値の基本的な性質は

(i) $|a| \geqq 0$；ここで等号は $a = 0$ のときだけ成り立つ．

(ii) $|-a| = |a|$

である．この (ii) の性質は，2つの実数 a, b をとったとき，$a - b = -(b - a)$ だから，

(ii)$'$ $|a - b| = |b - a|$

という形で使われることが多い．

また，$a \leqq |a|$ のことも注意しておこう．実際，$a \geqq 0$ のときには等号が成り立っているし，a が負のときには $a < 0 < |a|$ となっている．さて，$-a \leqq |-a|$ の両辺に -1 をかけて (ii) に注意すると，$-|a| \leqq a$ が出る．このことから

(iii) $|a + b| \leqq |a| + |b|$

が成り立つことがわかる．

なぜなら

$$-|a| - |b| \leqq a + b \leqq |a| + |b|$$

したがって，左辺が $-(|a| + |b|)$ に等しいことに注意すると，絶対値の定義から，(iii) が成り立つ．

(iii) の式で，b の代りに $-b$ とおくと，

(iii)$'$ $|a - b| \leqq |a| + |b|$

となる．

2 点間の距離

数直線上の 2 点 $P = P(a)$，$Q = Q(b)$ の距離を

$$\boxed{d(P, Q) = |b - a|}$$

によって定義する．この定義は絶対値を用いているが，要するにふつうの意味での，2 点 P, Q の間の長さである (図 4)．

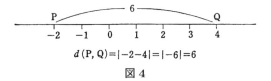

図 4

すぐにこのことがわかりにくいときには，次のように考えるとよい．いま $a \leqq b$ とする．座標原点を P のところまで移すと，数直線上の目盛り (座標！) は，どこでも $-a$

図 5

だけ変化する．したがって，P の座標は 0 となるが，Q の座標は $b-a$ となる．このとき，P から Q までの距離は，明らかに Q の座標 $b-a$ で与えられている．ところが，この値は，上に定義した $d(P,Q) = |b-a|$ に等しい．$a \geqq b$ のときも同様である．

絶対値に関する性質 (i), (ii)′, (iii) は，次のような距離の性質を導く．

(i)　$d(P,Q) \geqq 0$；等号が成り立つのは P = Q のときに限る．

(ii)　$d(P,Q) = d(Q,P)$

(iii)　$d(P,Q) \leqq d(P,R) + d(R,Q)$

(iii) についてだけ，少し説明がいる．$P = P(a)$, $Q = Q(b)$, $R = R(c)$ とすると

$$d(P,Q) = |b-a| = |(c-a) + (b-c)|$$
$$\leqq |c-a| + |b-c|$$
$$= d(P,R) + d(R,Q)$$

問 1　任意の実数 a に対して
$$|a|^2 = a^2$$
が成り立つ．

問 2　任意の実数 a, b に対して
$$\frac{|a+b|}{1+|a+b|} \leqq \frac{|a|}{1+|a|} + \frac{|b|}{1+|b|}$$
が成り立つ．

Tea Time

質問　大きな書店へ行って，数学書の並んでいる棚を見ると，「位相幾何学」とか，

「トポロジー」とか，「位相的…」のような書名が目につきます．位相といっても
いろいろあるようですが，これからの話はどんなことが中心になるのですか．

答 位相は，英語のトポロジーの訳で，このトポロジーは，ギリシャ語のトポス
(位置) とロゴス (ことば，意味) からとったといわれている．位相は，はじめ図
形とその連続的な変化との関連を調べる考察からはじまって，19 世紀後半から，
しだいに位相幾何学として数学の中に定着してきた．しかし，20 世紀になって，
集合論が数学の前面に押し出されてきて，数学は集合概念の上に立って，もっと
基礎的な部分から，種々の概念を見直し，それらを抽象化して，数学を築こうと
いう動きが顕著になってきた．それに応じて，'近さ' の概念も見直され，そこ
に '近さ' というものを積極的に数学の対象として取り扱おうとする，位相空間
論が登場してきたのである．これから述べるのは，この位相空間論の導入部分で
ある．この位相空間論に関する基礎的な知識がないと，図形を少しずつ変えたと
き，どのような性質が保たれ，また変わっていくかということを調べる位相幾何
学の勉強にも入れないし，また，解析学に現われる関数の連続性や，微分方程式
などについての深い理解が得られなくなっているのが現状である．

第 2 講

平面上の距離，点列の収束

テーマ
- ◆ 座標平面
- ◆ 平面上の 2 点間の距離
- ◆ 点列の収束
- ◆ 点 P の ε-近傍 $V_\varepsilon(P)$
- ◆ 点列 $\{P_n\}$ が P に近づくことと，$\{P_n\}$ が点 P の任意の ε-近傍の中に，いずれは含まれることとは同値

座 標 平 面

数直線上に並ぶ 2 点 $P(a)$, $Q(b)$ の距離 $d(P, Q)$ は，絶対値を用いて $|b - a|$ で表わされることは，前講でみてきた．それでは，平面上にある 2 点間の距離は，どのように表わされるのだろうか．

平面上の点を，2 つの実数の組からなる座標を用いて表わすためには，平面に座標系を導入しておく必要がある．座標系は，2 つの数直線を，原点 O で重なるように，互いに垂直におくことによって得られる．ふつうは，1 つの数直線は真横に，もう 1 つの数直線はこれと垂直な方向にかき，それぞれ x 軸，y 軸という．平面上に，x 軸，y 軸が与えられたとき，これを<u>座標平面</u>という．

座標平面上の任意の点 P は，図 6 のように座標 (a, b) によって表わされる．点 P が座標 (a, b) をもつことを明示したいときは，$P(a, b)$ とかき，P の x 座標は a，y 座標は b であるという．

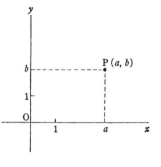

図 6

P$(0, 0)$ は，原点 O である．P$(a, 0)$ と表わされる点は x 軸上にあり，P$(0, b)$ と表わされる点は，y 軸上にある．

以下では平面というときには，いつでも座標平面を考えていることにする．

2 点間の距離

平面上にある 2 点 P(a_1, a_2), Q(b_1, b_2) の距離は，ピタゴラスの定理から求めることができる．図 7 のように点 R をとり，直角三角形 PQR に対して，ピタゴラスの定理を適用する．そのとき

$$\overline{PQ}^2 = \overline{PR}^2 + \overline{RQ}^2$$

である．

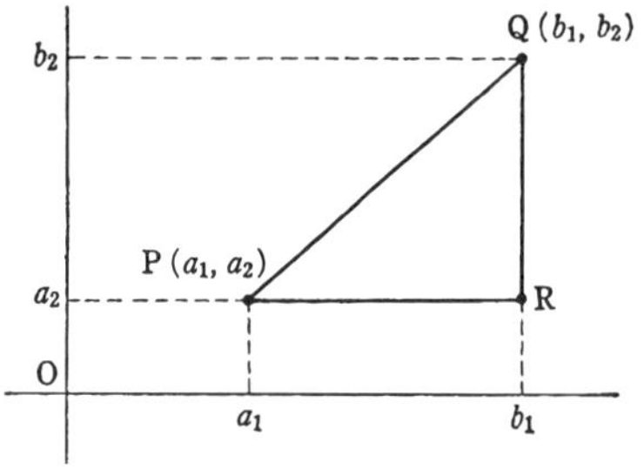

図 7

$$\overline{PR} = |b_1 - a_1|, \quad \overline{RQ} = |b_2 - a_2|$$

と，

$$|b_1 - a_1|^2 = (b_1 - a_1)^2, \quad |b_2 - a_2|^2 = (b_2 - a_2)^2$$

に注意すると

$$\overline{PQ}^2 = (b_1 - a_1)^2 + (b_2 - a_2)^2$$

と表わされる．したがって

$$\overline{PQ} = \sqrt{(b_1 - a_1)^2 + (b_2 - a_2)^2}$$

となる．そこで

$$d(P, Q) = \sqrt{(b_1 - a_1)^2 + (b_2 - a_2)^2}$$

とおいて，$d(P, Q)$ を，P と Q の距離という．

注意深い人は，図 7 で，Q が R の場所にあったならば，ピタゴラスの定理は使えないことに気づくかもしれない．そのとき，Q の座標は，(b_1, a_2) で，$\overline{PQ} = |b_1 - a_1| = \sqrt{(b_1 - a_1)^2}$ となっているから，上の距離の式で，ちょうど $a_2 = b_2$ の場合となって，やはりこの場合も成り立っている．

この平面上にある 2 点 P, Q の距離に対しても，前講の場合と同様に

(i) $d(P, Q) \geqq 0$：等号が成り立つのは P $=$ Q のときに限る．

(ii) $d(P, Q) = d(Q, P)$

(iii) $d(P, Q) \leqq d(P, R) + d(R, Q)$

が成り立つ．

(i) と (ii) は，明らかであろうが，(iii) は，R が直線 PQ 上にないときは，三角形 PQR において，1 辺 PQ の長さは，他の 2 辺の長さの和を越えることはできないということを示してい

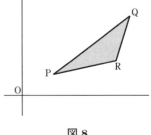

図 8

る（このときは，実際は (iii) で不等号 < が成り立っていることになる）．R が直線 PQ 上にあるときは，1 直線上にある 3 点 P, Q, R の距離の関係だから，これはすでに第 1 講での (iii) の場合になっている．

点列の収束

数直線でも，座標平面でも，このように距離を導入しておくと，この距離によって近さが測れるから，点列 $P_1, P_2, \ldots, P_n, \ldots$ が P に近づくことを，ごく自然に定義することができる．すなわち，

'n が大きくなるにつれ，2 点 P_n と P との距離 $d(P_n, P)$ がいくらでも小さくなるとき'，

点列 $P_1, P_2, \ldots, P_n, \ldots$ は，$n \to \infty$ のとき P に近づく，または P に収束するといい，これを記号で

$$\lim_{n \to \infty} P_n = P$$

または，$P_n \to P \ (n \to \infty)$ のように表わす．

この挿入句 'n が大きくなるにつれ……いくらでも小さくなるとき' は，数学では，もう少し別の慣用のいい方がある．

'n が大きくなるにつれ' は，大きくなる範囲を指定して，'十分大きい k をとると，$n > k$ のとき' といういい方をするのがふつうである．

また，'$d(P_n, P)$ がいくらでも小さくなる' も，小さくなる範囲を明示して，'どんなに小さい正数 ε をとっても $d(P_n, P) < \varepsilon$ となる' といういい方をするのがふつうである．

このいい方を採用したとき，最初の挿入句は次のようにいい直される．

> どんな小さい正数 ε をとっても，十分大きい番号 k をとると，$n > k$ のとき $d(\mathrm{P}_n, \mathrm{P}) < \varepsilon$ となる．

あくまで感じ方の問題にすぎないが，このようにいい直してみると，最初に述べた，n が大きくなるにつれ $d(\mathrm{P}_n, \mathrm{P})$ がいくらでも小さくなるという感じが少し変わるようである．今度は P が主体になって，P に立っている人が，足もとの ε 以内の範囲に注目していると，そこにある番号 k から先の P_n がすべて入っているという状況を述べているようにみえる．

なお，点列 $\mathrm{P}_1, \mathrm{P}_2, \ldots, \mathrm{P}_n, \ldots$ を $\{\mathrm{P}_n \mid n = 1, 2, \ldots\}$，あるいは一層簡単に，単に $\{\mathrm{P}_n\}$ と表わすことも多い．

さて，数直線上で点列 $\{\mathrm{P}_n\}$ が P に近づく様相は大体図 9 の (a), (b), (c) のように示される．

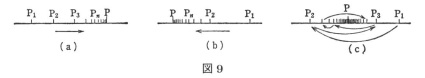

図 9

座標を用いて $\mathrm{P}_n(a_n)$, $\mathrm{P}(a)$ と表わすと，(a) の場合は
$$a_1 < a_2 < \cdots < a_n < \cdots < a$$
であって，$a_n \to a \ (n \to \infty)$ が成り立つときである．このとき，点列 P_n は単調に増加しながら P に近づくという．

(b) の場合は
$$a_1 > a_2 > \cdots > a_n > \cdots > a$$
であって，$a_n \to a \ (n \to \infty)$ が成り立つときである．このとき，点列 P_n は単調に減少しながら P に近づくという．

(c) の場合は，P_n が P の右へ行ったり，左へ行ったりしながら，しだいに P に近づくときである．

これ以外にも，ある番号 k から先で，$\mathrm{P}_{k+1} = \mathrm{P}_{k+2} = \cdots = \mathrm{P}$ となるようなときもある．また (a), (b), (c) の状況が適当にまじり合いながら，点列 P_n が P に近づくこともある．

数直線の場合に比べれば，平面上の点列 $P_1, P_2, \ldots, P_n, \ldots$ が点 P に近づく近づき方は，図 10 からもわかるように非常に多様となる．

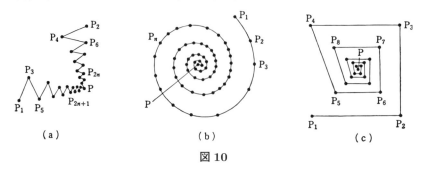

図 10

近　　傍

数直線上でまず閉区間，開区間の定義を導入しておこう．一般に実数 $a, b \, (a < b)$ に対して
$$[a, b] = \{x \mid a \leqq x \leqq b\}$$
$$(a, b) = \{x \mid a < x < b\}$$
とおき，$[a, b]$ を (端点 a, b の) 閉区間といい，(a, b) を (端点 a, b の) 開区間という．

正数 ε が与えられたとしよう．数直線上の点 P に対し，P から ε 以内の距離にある点の集合を $V_\varepsilon(\mathrm{P})$ で表わし，P の ε-近傍という：
$$V_\varepsilon(\mathrm{P}) = \{\mathrm{Q} \mid d(\mathrm{P}, \mathrm{Q}) < \varepsilon\}$$
P の座標を a とすると，$V_\varepsilon(\mathrm{P})$ は，ちょうど開区間
$$(a - \varepsilon, a + \varepsilon)$$
と一致していることがわかる．

同様に，平面上の点 P に対しても，P の ε-近傍 $V_\varepsilon(\mathrm{P})$ を
$$V_\varepsilon(\mathrm{P}) = \{\mathrm{Q} \mid d(\mathrm{P}, \mathrm{Q}) < \varepsilon\}$$
で定義する．P の座標を (a, b) とすると，$V_\varepsilon(\mathrm{P})$ は
$$\sqrt{(x - a)^2 + (y - b)^2} < \varepsilon$$
あるいは同じことであるが
$$(x - a)^2 + (y - b)^2 < \varepsilon^2$$

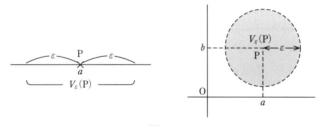

図 11

をみたす点 (x,y) の全体からなることがわかる．$V_\varepsilon(\mathrm{P})$ は，したがって，中心 (a,b)，半径 ε の円の内部である．

P の ε-近傍 $V_\varepsilon(\mathrm{P})$ とは，P に立っている人が，自分の足もとから ε 以内の範囲を仕切ったようなものである．ε としてどんどん 0 に近づく数，たとえば，$1, \dfrac{1}{2}, \dfrac{1}{3}, \ldots, \dfrac{1}{n}, \ldots$ をとると，これに対応する P の近傍

$$V_1(\mathrm{P}), \quad V_{\frac{1}{2}}(\mathrm{P}), \quad V_{\frac{1}{3}}(\mathrm{P}), \quad \ldots, \quad V_{\frac{1}{n}}(\mathrm{P}), \quad \ldots$$

は，しだいに小さな範囲となって，P に凝集していくような状況を呈してくる．

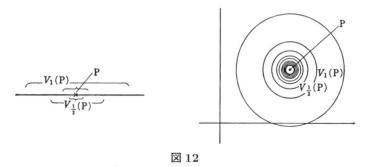

図 12

点列の収束と近傍

このことから，点列 $\mathrm{P}_1, \mathrm{P}_2, \ldots, \mathrm{P}_n, \ldots$ が点 P に近づくということは，どんな小さい正数 ε をとっても，ある番号から先の P_n が，すべて P の ε-近傍 $V_\varepsilon(\mathrm{P})$ に含まれてしまうことであることがわかる．もちろん，このことは前に述べた $\mathrm{P}_n \to \mathrm{P}\ (n \to \infty)$ の定義のいいかえにすぎないが，近傍を使ういい方の方が，図 10 で示したような点列の収束のときには，点 P の '足もとに'，P_n がどんどん近づいていく様子を，よくいい表わしているように思える．

まとめておくと

> $P_n \to P \ (n \to \infty)$
> $\iff$ どんな正数 ε をとっても，ある番号 k で
> $$n > k \Longrightarrow d(P_n, P) < \varepsilon$$
> をみたすものがある．
> $\iff$ どんな正数 ε をとっても，ある番号 k で
> $$n > k \Longrightarrow P_n \in V_\varepsilon(P)$$
> をみたすものがある．

Tea Time

 札幌の街角で

札幌へ行った人は，札幌の中心街が，東西に走る道筋と南北に走る道筋によって整然と仕切られ，その真中を緑と花で色どられた大通り公園が東西に横切って景観を添えているのを見て，北国の都の美しさを感じたことだろう．

札幌にいる人は，P 地点から Q 地点へと行くのに，東西と南北に走るこの道筋に沿って行かなくてはならない．座標平面を用いて，図13のように表わしておくと，地点 $P(a,b)$ から，地点 $Q(c,d)$ へ行く最短の道は，太線で示した道のいずれかであって，この走行距離は

$$|c-a| + |d-b|$$

である．

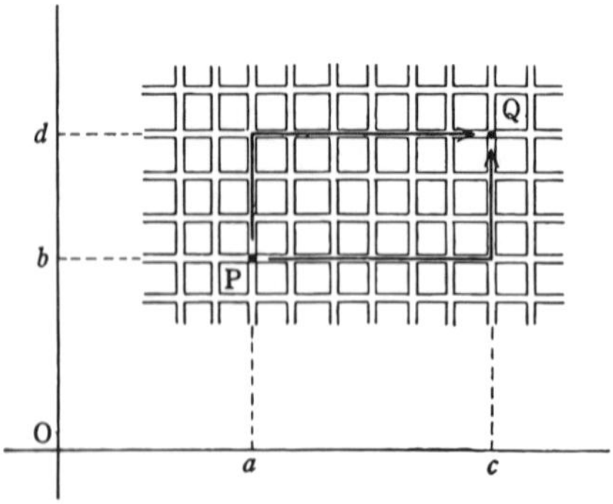

図 13

この場合には，平面上の 2 点 P, Q 間の距離は，この講義で述べた距離 d よりは，
$$\tilde{d}(P, Q) = |c-a| + |d-b|$$
で与えておく方がかえって自然に思える．$\tilde{d}$ に対しても，d に対して成り立つ (i),

(ii), (iii) と同様の性質が成り立っている．d と $\tilde{d}$ で測った距離はもちろん違う．しかし
$$|c-a| \leqq \sqrt{(c-a)^2+(d-b)^2}$$
$$|d-b| \leqq \sqrt{(c-a)^2+(d-b)^2}$$
と，
$$\sqrt{(c-a)^2+(d-b)^2} \leqq |c-a|+|d-b|$$
(両辺 2 乗すると容易に確かめられる) から，点列 $P_1, P_2, \ldots, P_n, \ldots$ が与えられたとき，$n \to \infty$ のとき，点 P に対し
$$d(P_n, P) \longrightarrow 0$$
が成り立つことと，
$$\tilde{d}(P_n, P) \longrightarrow 0$$
が成り立つことは同値であることがわかる．

したがって，距離 d をとって測ってみても，距離 $\tilde{d}$ をとって測ってみても，点列 $\{P_n\}$ が P に近づくという性質は変わらない．これは常識的に考えてもごく当り前のことである．

もちろん，ふつう私たちが平面上の 2 点 P, Q を物差しを用いて測っている距離は，$d(P,Q)$ の方である．なお $d(P,Q) < 1$ となる点 Q は，中心 P，半径 1 の円の内部となるが，

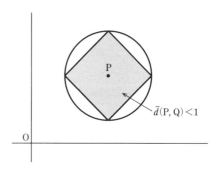

図 14

$\tilde{d}(P,Q) < 1$ をみたす点 Q は，P を中心とした図 14 で示すような正方形の内部となっていることに注意しておこう．

質問　近傍という言葉は，日常あまり使っていない言葉なので，広辞苑を引いてみたら，近所，近辺とありました．$V_\varepsilon(P)$ を P の ε-近所というのはあまりにも日常的だと思いますが，せめて ε-近辺とでもいってもらった方が，僕たちには感覚的にずっとよくわかるような気がします．

16   第 2 講 平面上の距離, 点列の収束

答　近傍は英語 neighborhood の訳である．neighborhood の親近感に比べれば，近傍は確かに固苦しい．数学の術語は，ある数学者が，あるとき，この英語をこう訳そうと決めたときからスタートして，それがしだいに一般に使いなれてくるにつれて定着してしまうようである．有理数 rational number も，英語の ratio(比) を考えれば，有比数と訳すべきだったのだろうが，もう今では日本語として定着してしまった．現在のように，日本語の語彙のもつ感覚がどんどん変化していくときには，数学の術語も旧態依然としたものから，新しいものへと変えていく方が，数学を一般の人に近づきやすくするのに役立つかもしれない．

第 3 講

開集合，閉集合

テーマ
- ◆ 円の内部 B と，円周までつけ加えた円 $\bar{B}$ との特徴的な違い
- ◆ 2つの対照的な性質 (☆) と (★)
- ◆ (☆) の性質をもつもの——開集合
- ◆ (★) の性質をもつもの——閉集合
- ◆ 開集合の基本的な性質
- ◆ 閉集合の基本的な性質

円と円の内部

平面上で，点 P_0 を中心として半径1の円を描く．この円の内部を B, B に円周をつけ加えたものを $\bar{B}$ と表わすことにする．

近さの観点からみたとき，B と $\bar{B}$ の特徴的な違いは何であろうか．

(I)　B：B の任意の点 P をとったとき，

$$\text{(☆)　十分小さい正数 } \varepsilon \text{ をとると}\quad V_\varepsilon(\mathrm{P}) \subset B$$

$\bar{B}$：$\bar{B}$ ではこの (☆) に対応する性質は，一般には成り立たない．たとえば，円周上の1点 P をとると，どんな小さな正数 ε をとっても，

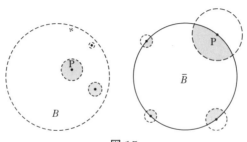

図 15

$V_\varepsilon(\mathrm{P})$ は，円の外側にある点を含んでいる．

(II) $\bar{B}$：$\bar{B}$ の点列 P_n $(n=1,2,\ldots)$ が，点 P に近づくならば，P もまた $\bar{B}$ の点である．すなわち

$$(\bigstar) \quad \mathrm{P}_n \in \bar{B}\ (n=1,2,\ldots),\ \mathrm{P}_n \to \mathrm{P}\ \text{ならば，}\ \mathrm{P} \in \bar{B}$$

B：B ではこの ($\bigstar$) に対応する性質は，一般には成り立たない．たとえば，円の内部から円周上の点 P に近づく点列 $\{\mathrm{P}_n\}$ をとると，($\bigstar$) に対応する性質は，B で成り立たないことがわかる．

たとえていえば，B は，点 P_0 を中心として半径 1 km の城壁の中で囲まれている町並みのようなものであり，$\bar{B}$ は，この町並みと城壁からなっているようなものである．

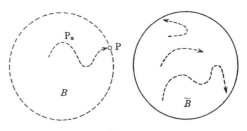

図 16

(I) はこのとき次のことを示している．B についていっていることは，町並みの中にいる人は，十分小さい自分のまわりを見回すと，そこは同じ町並みからなっていることを知るということである．$\bar{B}$ について述べていることは，城壁に立っている人は，すぐ足もとの近くに城壁の外の草原が広がっているのを見ることができるということである．

また (II) は次のことを示している．城壁の中にいる人が，ある場所に向かって走って行く場合，その地点は町並みからはずれるかもしれないが，せいぜい城壁の所までである．

B を開円，$\bar{B}$ を閉円という．

同様なことは，数直線上で，B の代りに開区間 (a,b)，$\bar{B}$ の代りに閉区間 $[a,b]$ をとっても成り立つ．

性質 (☆) と ($\bigstar$)

もう少し，一般の図形で (☆) と ($\bigstar$) に対応する性質をみてみよう．

図 17 の (a) は，輪の形をした図形であるが，この境界 (破線でふちどられた

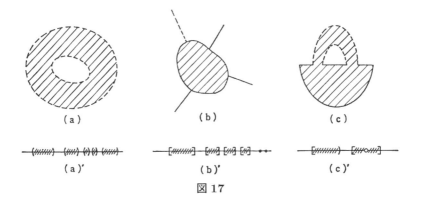
図 17

所) は，この図形に含まれていない．(a) は，(☆) と同様の性質が成り立っている．

　(a)′ は，直線上で，開区間をいくつか並べたようなものとなっている．(a)′ も，数直線上で考えたとき，(☆) と同様の性質をみたしている．

　図 17 の (b) は，閉円を少し歪めた図形に，何本かのアンテナが出ているような図形である (アンテナの端点はこの図形に含まれているとする)．この図形は，(★) と同様の性質をみたしている．左の上から，切れ切れになっているアンテナ上にある点列 $P_1, P_2, \ldots, P_n, \ldots$ は大丈夫かと思うかもしれないが，この点列の収束する先は，同じアンテナ上にあるか，真中の図形の境界上にある．

　(b)′ は，直線上で有限個の閉区間の右側に，有限個の点があるような図形である．この図形も，数直線上で考えたときには，(★) と同様の性質をもつ．

　(c), (c)′ は，(☆), または (★) のような性質をもたない図形の例を与えている．図形 (c) でいえば，下の部分と，把手の部分が，(★) と (☆) の性質を分かちあって，全体としては，一方だけの性質が成り立つようにはなっていない．

　定義はすぐあとで述べるが，(a), (a)′ は，それぞれ平面上，および直線上での開いた部分集合——開集合——の例であり，(b), (b)′ は，それぞれ閉じた部分集合——閉集合の例となっている．(c), (c)′ は，開でも閉でもない部分集合の例を与えている．

20 第3講 開集合, 閉集合

開集合, 閉集合の定義

【定義】 S を平面の部分集合とする. S の任意の点 P をとったとき, ある正数 ε で

$$V_\varepsilon(\mathrm{P}) \subset S$$

が成り立つとき, S は (平面の) 開集合であるという.

S が直線の部分集合のときも, 同様の性質をみたすならば S を (直線の) 開集合であると定義する.

【定義】 S を平面の部分集合とする. S に属する点列 $\mathrm{P}_1, \mathrm{P}_2, \ldots, \mathrm{P}_n, \ldots$ が, 点 P に近づくとき, P もまた S に属するという性質をもつとき, S は (平面の) 閉集合であるという.

S が直線の部分集合のときも, 同様にして S が (直線の) 閉集合であることを定義することができる.

開集合, 閉集合の議論は, 平面の場合も, 直線の場合も, 同様に議論を進めていくことができるのだが, 図17で見るように, 直線の場合は状況が簡単すぎて, かえって想像力が働かず, わかりにくい面もある. そのため, 以下では, 平面の部分集合の場合を主に取り扱うことにして, 必要に応じて, 時々, 直線の部分集合に触れることにする.

開集合の基本的な性質

開集合について, 次の基本的な性質が成り立つ.

(O1)　$O_1, O_2, \ldots, O_n, \ldots$ が開集合ならば, 和集合 $O_1 \cup O_2 \cup \cdots \cup O_n \cup \cdots$ も開集合である.

(O2)　O_1, O_2 が開集合ならば, 共通部分 $O_1 \cap O_2$ もまた開集合である.

まず図18を参照すると, (O1), (O2) で述べていることがどのようなことかは, わかると思う.

証明にはいる前に, (O1), (O2) について3つの注意を述べておこう.

(O1) で, 特にたとえば, $O_n = O_{n+1} = O_{n+2} = \cdots$ の場合を考えると

$$O_1 \cup O_2 \cup \cdots \cup O_n \cup O_{n+1} \cup \cdots = O_1 \cup O_2 \cup \cdots \cup O_n$$

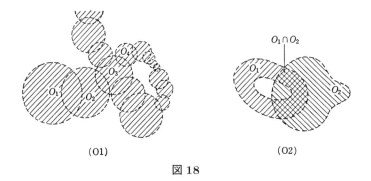

図 18

だから，(O1) は，有限個の開集合の和集合は，常にまた開集合となるということも述べていることになる．

(O2) で，O_1 と O_2 が共通点のない場合を考えると $O_1 \cap O_2 = \phi$ だから，(O2) で述べていることをこの場合にも成り立たせるためには，実は

> (O3)　空集合 ϕ は開集合である．

と約束しておく必要があったのである．以下では，開集合の定義の中に，この (O3) も加えておくことにする．

(O2) はくり返して用いることができる．たとえば

$$O_1 \cap O_2 \cap O_3 = (O_1 \cap O_2) \cap O_3$$

において，$O_1 \cap O_2$ は開集合，したがってまた $(O_1 \cap O_2) \cap O_3$ は開集合，結局 $O_1 \cap O_2 \cap O_3$ が開集合であることが結論できる．同様にして，開集合の有限個の共通部分

$$O_1 \cap O_2 \cap \cdots \cap O_n$$

は，また開集合となることがわかる．

(O1), (O2) の証明

さて，(O1), (O2) の証明に入ろう．

(O1) の証明：

$$Q = O_1 \cup O_2 \cup \cdots \cup O_n \cup \cdots$$

とおく．Q の任意の点 P をとる．P は右辺の和集合に含まれている点なのだから，P は，$O_1, O_2, \ldots, O_n, \ldots$ の少なくとも 1 つには含まれている．$P \in O_n$ としよう．O_n は開集合だから，十分小さい正数 ε をとると
$$V_\varepsilon(P) \subset O_n$$
となる．したがって $V_\varepsilon(P) \subset O_1 \cup O_2 \cup \cdots \cup O_n \cup \cdots = Q$ となり，
$$P \in Q \Longrightarrow V_\varepsilon(P) \subset Q \quad (\varepsilon はある正数)$$
がいえた．したがって Q は開集合である．

(O2) の証明：(O3) を認めているから，$O_1 \cap O_2 \neq \phi$ のときだけ示すとよい．任意に点 $P \in O_1 \cap O_2$ をとる．P は開集合 O_1, O_2 に含まれているのだから，ある正数 $\varepsilon_1, \varepsilon_2$ が存在して
$$V_{\varepsilon_1}(P) \subset O_1, \quad V_{\varepsilon_2}(P) \subset O_2$$
となる．したがって，$\varepsilon = \mathrm{Min}\,(\varepsilon_1, \varepsilon_2)$ (ε_1 と ε_2 の小さい方) とおくと
$$V_\varepsilon(P) \subset O_1 \cap O_2$$
となる．このことは，$O_1 \cap O_2$ が開集合であることを示している．

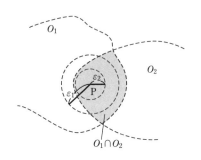

図 19

閉集合の基本的な性質

対応して，閉集合について，次の基本的な性質が成り立つ．

> (F1)　$F_1, F_2, \ldots, F_n, \ldots$ が閉集合ならば，この共通部分 $F_1 \cap F_2 \cap \cdots \cap F_n \cap \cdots$ も閉集合である．
> (F2)　F_1, F_2 が閉集合ならば，和集合 $F_1 \cup F_2$ もまた閉集合である．

(F1) を無条件で成り立たせるためには，次の補足的な規約

> (F3)　空集合 ϕ は閉集合である．

を加えておく必要がある．

(F1) は，特別な場合として，有限個の閉集合の共通部分は閉集合であるという

命題を含んでいるし，また，(F2) をくり返して適用することにより，有限個の閉集合の和集合はまた閉集合となることもわかる．

(F1) の証明：$P_1, P_2, \ldots, P_n, \ldots$ を $F_1 \cap F_2 \cap \cdots \cap F_n \cap \cdots$ からとった点列とし，$n \to \infty$ のとき，$P_n \to P$ とする．点列 $\{P_n\}$ は，$F_1, F_2, \ldots, F_n, \ldots$ のそれぞれに含まれていて，各 F_n は閉集合だから，$P \in F_1, P \in F_2, \ldots, P \in F_n, \ldots$ となる．したがって $P \in F_1 \cap F_2 \cap \cdots \cap F_n \cap \cdots$ となり，$F_1 \cap F_2 \cap \cdots \cap F_n \cap \cdots$ が閉集合であることが示された．

(F2) の証明：$P_1, P_2, \ldots, P_n, \ldots$ を $F_1 \cup F_2$ からとった点列とし，$n \to \infty$ のとき，$P_n \to P$ とする．F_1, F_2 のいずれか少なくとも一方は，$P_1, P_2, \ldots, P_n, \ldots$ の中の無限個の点を含んでいる．たとえば F_1 が無限個の点を含んでいるとし，それを $P_{i_1}, P_{i_2}, \ldots, P_{i_n}, \ldots$ とする．このとき明らかに $P_{i_n} \to P$ $(i_n \to \infty)$ である．F_1 は閉集合だから，$P \in F_1$．したがってもちろん $P \in F_1 \cup F_2$．これで $F_1 \cup F_2$ が閉集合であることが示された． ■

問 1 (1) 数直線上で，有限個の点からなる集合は，閉集合であることを示せ．

(2) 数直線上で，整数を座標にもつ点全体は，閉集合であることを示せ．

問 2 数直線上で，有理数を座標にもつ点全体のつくる集合は，開集合でも閉集合でもないことを示せ．

問 3 座標平面上の開集合 O に対し，O を x 軸上に射影して得られる集合
$\pi(O) = \{x \mid 適当な\ y\ に対して (x, y) \in O\}$
は，数直線上の開集合となることを示せ（図 20）．

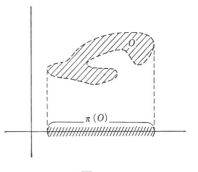

図 20

Tea Time

   開集合の補集合は閉集合，閉集合の補集合は開集合

平面の開集合 O を考えよう．平面から O を除いた残りの集合 F を，O の補集

合というが，上のタイトルに述べている最初のことは，この F が閉集合であるということである．Tea Time らしく，これをお話のような形で示してみよう．町並みと，その外には草原が広がっていて，この境に城壁があるとしよう．町並みを開集合 O と考え，町並みの外，すなわち草原と城壁を F と考えよう．F が閉集合であることを示したい．$P_1, P_2, \ldots, P_n, \ldots$ は草原の中を走って来た一群の騎馬の列とする．この列が，ある地点 P に近づくとする．このとき P は町並みの中にない．なぜなら，もし P が町並みの中にあれば，P の十分近くの場所（ε-近傍！）も町並みの中にあり，したがって番号がある所から先の騎馬の列 $P_{n+1}, P_{n+2}, \ldots$ も町並みの中に入ってしまっていなくてはならない．騎馬の列は，町並みの外にいたのだから，これは矛盾である．したがって P は，町並みの外にあり，これで町並みの外 F が閉集合であることが示された．

閉集合の補集合が開集合であることも，背理法で示されるが，この証明はここでは省略しよう．（読者は，開集合でないとすると，どのような矛盾が導かれるか考えてみるとよい．）

質問 開集合と閉集合の基本的な性質を見ますと，開集合の系列 $O_1, O_2, \ldots, O_n, \ldots$ が与えられたとき，共通部分 $O_1 \cap O_2 \cap \cdots \cap O_n \cap \cdots$ がどうなるかということと，閉集合の系列 $F_1, F_2, \ldots, F_n, \ldots$ が与えられたとき，和集合 $F_1 \cup F_2 \cup \cdots \cup F_n \cup \cdots$ がどうなるかということが述べられていません．これらは，一体，どんな集合になるのでしょうか．

答 $O_1 \cap O_2 \cap \cdots \cap O_n \cap \cdots$ は開集合になるときもあるし（たとえば $O_1 \subset O_2 \subset \cdots \subset O_n \subset \cdots$ のとき），また開集合にならないときもある．開集合にならない例としては，座標平面上で

$$O_n = \left\{ (x,y) \;\middle|\; x^2 + y^2 < \left(1 + \frac{1}{n}\right)^2 \right\}$$

（原点中心，半径 $1 + \frac{1}{n}$ の円の内部）とおくと，この場合，共通部分は

$$O_1 \cap O_2 \cap \cdots \cap O_n \cap \cdots$$
$$= \{(x,y) \mid x^2 + y^2 \leqq 1\}$$

となり，閉集合となる（図 21(a)）．

(a) (b)

図 21

同様に $F_1 \cup F_2 \cup \cdots \cup F_n \cup \cdots$ は閉集合になるときもあるし (たとえば $F_1 \supset F_2 \supset \cdots \supset F_n \supset \cdots$ のとき)，また閉集合にならないときもある．閉集合にならない例としては，座標平面上で

$$F_n = \left\{ (x, y) \ \middle| \ x^2 + y^2 \leqq \left(1 - \frac{1}{n} \right)^2 \right\}$$

とおくと，この場合，和集合は

$$F_1 \cup F_2 \cup \cdots \cup F_n \cup \cdots = \{ (x, y) \mid x^2 + y^2 < 1 \}$$

となり，開集合となる (図 21(b))．また，数直線上で，有理数を座標にもつ点を $\{ r_1, r_2, \ldots, r_n, \ldots \}$ と番号をつけて並べて，$F_n = \{ r_n \}$ (1 点からなる閉集合！) とおくと，$F_1 \cup F_2 \cup \cdots \cup F_n \cup \cdots$ は，有理点の全体からなり，これは数直線上で開集合でも閉集合でもない．

第 **4** 講

集積点と実数の連続性

― テーマ ―
◆ 集積点の定義
◆ 開集合 O の点は，すべて O の集積点
◆ 開集合に境界点は存在するか
◆ 実数の連続性，sup，inf の存在
◆ 区間縮小法
◆ コーシー列の収束性
◆ 開集合に境界点が存在することの証明

集 積 点

　点列 $P_1, P_2, \ldots, P_n, \ldots$ が点 P に近づくといっても，この中には，$P_1 = P_2 = \cdots = P_n = \cdots = P$ の場合も含まれている．これはいわば，点列が同じ点 P の上で，いつまでも足踏みしている状況である．確かにこのときも，点列が P に近づいているといわれれば，あえて異を唱えるわけにはいかないのだが，'点列が近づく' 定義の中にこのような場合も含めたのは，数学では，定義を与えるとき，できるだけ一般の場合を包括しようと考えているからである．

　しかし，ふつう，近づくというときには，やはり $P_1, P_2, \ldots, P_n, \ldots$ が相異なっていて，しかもこの点列が，ある点 P に向かって，しだいに密集して集っていく状況を想定している．数学では，この状況を改めて定義として述べておかなくてはならない．特に，集合 M からとり出した点列が，この意味で密集して近づいていく点の状況を調べることが大切なことになってくる．

【定義】　M を平面 (または直線) の部分集合とする．M の中の相異なる点からなる点列 $P_1, P_2, \ldots, P_n, \ldots$ が，$n \to \infty$ のとき 1 点 P に近づくとき，P を M の集積点という．

点 P は M に含まれているときもあるし，含まれていないときもある．

定義から明らかなように，M が有限個の点からなる集合のときには，M の集積点は存在しない．また

> M が閉集合ならば，M の集積点はすべて M に含まれている．

このことは，閉集合の定義から明らかであろう．

【例1】 数直線上の集合
$$M = \left\{ (-1)^n \left(1 - \frac{1}{n}\right) \;\middle|\; n = 1, 2, \ldots \right\}$$
を考えよう．このとき M の集積点は 1 と -1 であって，
$$0, \frac{1}{2}, \frac{3}{4}, \frac{5}{6}, \ldots \longrightarrow 1$$
$$-\frac{2}{3}, -\frac{4}{5}, -\frac{6}{7}, \ldots \longrightarrow -1$$
集積点 1 と -1 は M に含まれていない (図 22)．

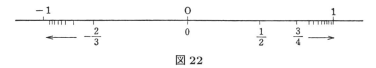

図 22

【例2】 M として，相異なる点列 $\{P_1, P_2, \ldots, P_n, \ldots\}$ をとると，M の集積点とは，この $\{P_1, P_2, \ldots, P_n, \ldots\}$ から適当に取り出した無限点列，すなわち M の部分点列
$$P_{i_1}, P_{i_2}, \ldots, P_{i_n}, \ldots$$
が収束する点のことである．このことは集積点の定義からもわかるし，あるいは例1からも推察することができる．

【例3】 平面上の集合
$$B = \{(x, y) \mid x^2 + y^2 < 1\}$$
を考えよう．B は原点中心，半径1の円の内部である．このとき，B の集積点は，B の点と，円周上の点からなる．B の点が集積点になることは明らかなことであろうが，証明しようとすると次のようになる．$(x_0, y_0) \in B$ とすると，十分小さい正数 ε をとると

28   第4講 集積点と実数の連続性

$$V_\varepsilon(x_0, y_0) \subset B$$

となる. したがってまた

$$V_{\frac{\varepsilon}{n}}(x_0, y_0) \subset B \quad (n = 1, 2, \ldots)$$

である. $V_{\frac{\varepsilon}{n}}(x_0, y_0)$ に属する点 P_n を, $n = 1, 2, \ldots$ に対して相異なるようにとっておく. 明らかに $\mathrm{P}_n \to (x_0, y_0)$ が成り立つから, (x_0, y_0) は B の集積点である. 円周の点は, 円の内部の点から近づけるから, B の集積点である. 円周の外にある点は, 円の内部の点から近づけないことは明らかであろう.

開集合の境界点の存在

この例3からもわかるように, 開集合 $O\ (\neq \phi)$ が与えられたとき, O に含まれている点は, すべて O の集積点となっている. しかし, O の集積点で, O に属していないものもある. なぜなら O が, 全平面と一致しない限り, 必ず O には '境界' の点が存在する. この境界の点は, O の内部から近づいていけるから, O の集積点であるが, O には属していないからである. (城壁で囲まれた町並みのたとえ話を思い出してほしい. 境界の点とは, いわば城壁上の点である.)

この開集合 O に '境界' の点が存在するということに, 曖昧さを感ずる読者がいるかもしれない. 曖昧さを感じなくても, 一般の場合どのようにしてこの存在を証明するのかと思う人は多いのではなかろうか. 実際, この証明はあまり自明とはいえないのであって, 実数の連続性を必要とする. これから位相の話を続けていくにあたって, 実数の連続性を必要とすることが多いので, この機会に実数の連続性について述べておく. そのあとで, この連続性の最初の応用として, 全平面と一致しない開集合 O には, 境界点が存在することを示すことにしよう.

実数の連続性

実数の集合を $\boldsymbol{R}$ とする ($\boldsymbol{R}$ については, 『集合への 30 講』参照). $\boldsymbol{R}$ は, '連続性' とよばれる強い性質をもっている. この連続性については, いろいろな述べ方があるが, ここでの話の続き方からいえば, '上端 (sup), 下端 (inf) の存在' の形で, 連続性を述べておくことが望ましいと思われる.

まず, 有界性の定義を与える.

【定義】 M を $\boldsymbol{R}$ の部分集合とする．M が上に有界であるとは，ある実数 k が存在して，M に属するすべての実数 x に対して
$$x < k$$
が成り立つことである．

すなわち，数直線上で表わせば，M は数直線上を右の方にどこまでも延びてはいかないということである．M を上に有界な集合とするとき，M に属するすべての x に対して $x \leqq c$ をみたす実数 c の全体のつくる集合を，M の上界という：
$$M \text{ の上界} = \{c \mid x \leqq c,\ x \in M\}$$
同様にして，下に有界な集合 N と，N の下界を定義することができる．たとえば，N の下界は
$$N \text{ の下界} = \{d \mid d \leqq y,\ y \in N\}$$
で与えられる (図 23)．

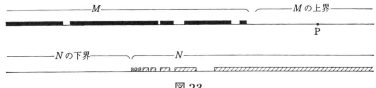

図 23

> **実数の連続性**：M を上に有界な集合とする．
> このとき M の上界に最小元が存在する．

この最小元を $\sup M$ と表わし，M の上端という．(記号 sup は，上端の英語 supremum からきている．) 直観的には，図 23 で，M の上界にある 1 点 P に注目して，この点を左へ動かしていったとき，もうこれ以上，上界の中で左へ動かすことができないという点の存在をいっている．$\sup M$ が，'上界の''最小元'であるということを数学的にいい表わすと次のようになる．

1) すべての $x \in M$ に対し，$x \leqq \sup M$．
2) どんな小さい正数 ε をとっても
$$\sup M - \varepsilon < x$$
をみたす M の元 x が存在する．

実数 x に対して,$-x$ を対応させると,数直線は,原点 O を中心にして,左右逆転し,したがってまた,大小関係も逆になる.この対応で,上に有界な集合は,下に有界な集合へと変わる.このことから,実数の連続性を上のように与えておくと,同時に,次のことも成り立つことがわかる.

> N を下に有界な集合とする.このとき N の下界に最大元が存在する.

この最大元を $\inf N$ と表わし,N の下端という.(記号 $\inf$ は,下端の英語 infimum からきている.)

上端の性質 1),2) に対応して,N の下端 $\inf N$ は,次の 1)′,2)′ で特性づけられる.

1)′ すべての $y \in N$ に対して $\inf N \leqq y$.

2)′ どんな小さい正数 ε をとっても

$$y < \inf N + \varepsilon$$

をみたす N の元 y が存在する.

上端,下端については,図 24 を参照して,1),2);1)′,2)′ の述べていることを,よく感じとってほしい.

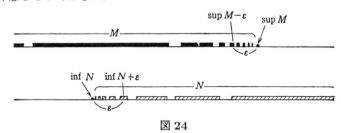

図 24

M として開区間 (a,b) をとったとき

$$\inf M = a, \quad \sup M = b$$

である.このとき,下端も,上端も M に属していない.しかし,N として閉区間 $[a,b]$ をとると,このときは下端 a も,上端 b も N に属している.

なお,上にも下にも有界な集合 M のことを,単に有界な集合という.このとき $\sup M$ も $\inf M$ も存在する.

連続性からの 2 つの帰結

実数の連続性から，しばしば用いられる次の 2 つの命題が示される．

> (I) $a_1 \leqq a_2 \leqq a_3 \leqq \cdots \leqq a_n \leqq \cdots \leqq b_n \leqq \cdots \leqq b_3 \leqq b_2 \leqq b_1$
> で，$b_n - a_n \to 0$ ならば，ただ 1 つの実数 c が存在して
> $$\lim_{n \to \infty} a_n = \lim_{n \to \infty} b_n = c$$
> が成り立つ．

> (II) 数列 $\{a_n\}$ $(n = 1, 2, \ldots)$ が
> $$|a_m - a_n| \longrightarrow 0 \quad (m, n \to \infty)$$
> をみたしているとする．このとき，ただ 1 つの実数 c が存在して
> $$\lim_{n \to \infty} a_n = c$$
> が成り立つ．

(I) の証明：
$$M = \{a_1, a_2, \ldots, a_n, \ldots\}, \quad N = \{b_1, b_2, \ldots, b_n, \ldots\}$$
とおく．M は上に有界だから $\sup M$ がある．N は下に有界だから $\inf N$ がある．$b_n - a_n \to 0$ により，$\sup M = \inf N$ となる．$c = \sup M = \inf N$ とおくと
$$0 \leqq c - a_n \leqq b_n - a_n \to 0 \qquad より \qquad \lim_{n \to \infty} a_n = c$$
$$0 \leqq b_n - c \leqq b_n - a_n \to 0 \qquad より \qquad \lim_{n \to \infty} b_n = c$$

(II) の証明の概略：
$$M_n = \{a_n, a_{n+1}, a_{n+2}, \ldots\}$$
とおく．M_n は上にも下にも有界な集合だから
$$c_n = \inf M_n, \quad d_n = \sup M_n$$
が存在する．容易に確かめられるように
$$c_1 \leqq c_2 \leqq c_3 \leqq \cdots \leqq c_n \leqq \cdots \leqq d_n \leqq \cdots \leqq d_3 \leqq d_2 \leqq d_1$$
$$d_m - c_n \longrightarrow 0 \quad (m, n \to \infty)$$
したがって (I) から

$$\lim_{n\to\infty} c_n = \lim_{n\to\infty} d_n = c$$

となる実数 c が存在する．この c は，$\lim_{n\to\infty} a_n = c$ をみたしている．

(I) は，見方を変えると，閉区間の減少列

$$[a_1, b_1] \supset [a_2, b_2] \supset \cdots \supset [a_n, b_n] \supset \cdots$$

が，$b_n - a_n \to 0$ をみたしていると，ある実数 c が存在して

$$\bigcap_{n=1}^{\infty} [a_n, b_n] = \{c\}$$

となることを示している．この意味で (I) を区間縮小法という．

(II) の条件

$$|a_m - a_n| \longrightarrow 0 \quad (m, n \to \infty)$$

をみたす数列 $\{a_n\}$ をコーシー列という (コーシー (Cauchy) は，フランスの数学者 (1789–1857) の名前)．したがって (II) は，コーシー列は収束すると簡明に述べられることが多い．またこの性質を，実数は完備であるという．

開集合の境界点の存在と実数の連続性

さて，実数の連続性から導かれる平面の部分集合に関する重要な性質は，次講で述べることにして，さし当り懸案であった事実，平面上の開集合 O が全平面と一致しないならば (もちろん $O \neq \phi$ も仮定する)，O は境界点をもつことだけを示しておこう．

O から任意の 1 点 P をとる．P を始点とする半直線をいろいろ描いてみる．このときすべての半直線が O に含まれるということはない．なぜなら，もしそうならば O は全平面と一致してしまう．したがってある半直線 L は，先の方で O に属さない点をもつ．この半直線 L を，P を原点として正の方向へ延びる数直線と同一視する．そこで

$$M = \{x \mid x \in L, x \notin O\}$$

とし，L 上の点 $\tilde{P} = \inf M$ をとると，$\tilde{P}$ は O の境界点になっている．$\tilde{P}$ は O の集積点であるが，O には属していない．このことはほとんど明

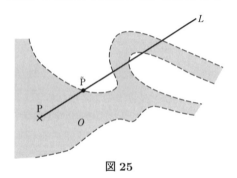

図 25

らかなことであろうが，読者は inf の定義に戻って確かめてみるとよい．

問 1 単調増加の数列 $a_1 < a_2 < a_3 < \cdots < a_n < \cdots$ が上に有界ならば，必ずある実数 c が存在して，$\lim_{n\to\infty} a_n = c$ となることを示せ．

問 2 数直線上の集合
$$\left\{\frac{1}{m} + \frac{1}{n} \;\middle|\; m, n = 1, 2, \ldots \right\}$$
の集積点の集合を求めよ．

Tea Time

 有理数の集合も，無理数の集合も連続性の性質をもたない．

実数が連続性をもつことは，実数の集合のもつ特徴的な性質であって，実数の部分集合である有理数の集合をとってみても，無理数の集合をとってみても，対応する性質は成り立たない．たとえば
$$M = \{x \mid x^2 < 2;\; x \text{ は有理数}\}$$
$$N = \left\{y \;\middle|\; y = \frac{1}{n}\sqrt{2};\; n = 1, 2, \ldots \right\}$$
とおくと，M は有理数の中で上に有界な集合であるが，上限 (実は $\sqrt{2}$) は，有理数の中には存在しない．また N は無理数の中で下に有界な集合であるが，下限 (実は 0) は，無理数の中には存在しない．有理数の集合も，無理数の集合も，このように連続性の性質をもたないが，2 つの集合を併せた実数の集合は，連続性をもつのである．

質問 開集合 O の任意の点は，近くにいくらでも O の点があって，O の集積点となることはわかりました．それでは集積点ではないということは，どういうことか知りたくなりました．一般に，集合 M の点 P が，M の集積点でないというのは，どんな場合なのですか．

答 質問に答える前に，まず P が M の集積点となるということを，もう少しよ

34　第4講　集積点と実数の連続性

く調べておこう. P の $\frac{1}{n}$-近傍 $V_{\frac{1}{n}}(\mathrm{P})$ を考えてみる. $n = 1, 2, \ldots$ とすると, この近傍はどんどん小さくなって, P に近づいていく. いま, 'どんな n をとっても $V_{\frac{1}{n}}(\mathrm{P})$ の中に, P 以外の M の点 P_n が存在した' としよう. このとき

$$\mathrm{P}_1, \mathrm{P}_2, \ldots, \mathrm{P}_n, \ldots \tag{1}$$

は, P に収束する M の点列となる. $\mathrm{P}_1, \mathrm{P}_2, \ldots, \mathrm{P}_n, \ldots$ の中には等しいものがあるかもしれない. したがって P が集積点となっていることをみるには, もう少し議論がいる.

たとえば $d(\mathrm{P}, \mathrm{P}_1) = \frac{1}{100}$ とすれば, $\mathrm{P}_1 \neq \mathrm{P}_{100}$ は成り立っている. なぜなら $d(\mathrm{P}, \mathrm{P}_{100}) < \frac{1}{100}$ だからである. 次にもし $d(\mathrm{P}, \mathrm{P}_{100}) = \frac{1}{230}$ ならば, $\mathrm{P}_{100} \neq \mathrm{P}_{231}$ である. このように考えると, (1) の部分点列

$$\mathrm{P}_{i_1}, \mathrm{P}_{i_2}, \ldots, \mathrm{P}_{i_n}, \ldots$$

で, 互いに異なる点からなるものがとれる. $\mathrm{P}_{i_n} \in M$ で, $\mathrm{P}_{i_n} \to \mathrm{P}$ だから, この場合 P は M の集積点となってしまう.

したがって, P が M の集積点でないためには, ある n をとると

$$V_{\frac{1}{n}}(\mathrm{P}) \cap M = \{\mathrm{P}\}$$

となっていなくてはならない. 逆にこの条件が成り立てば, P の $\frac{1}{n}$ の近くには, M の点は P 自身しかないのだから, P は集積点となり得ない. ここで $\frac{1}{n}$ は, 十分小さい正数といっても同じことである.

すなわち, P が M の集積点とならないための必要かつ十分な条件は, 十分小さい正数 ε が存在して

$$V_\varepsilon(\mathrm{P}) \cap M = \{\mathrm{P}\}$$

が成り立つことである. このとき P は M の<u>孤立点</u>という. P が M の中で孤立している感じは, よくわかるだろう. 結局, M の任意の点 P は, 孤立しているか, M の集積点となっているか, いずれかなのである.

第 **5** 講

コンパクト性

テーマ

◆ 数直線上の有界な閉集合：無限個の点を含めば集積点をもつ.

◆ 平面の有界な閉集合：無限個の点を含めば集積点をもつ.

◆ この共通な性質をコンパクト性という.

◆ コンパクトな集合は，有界な閉集合に限る.

数直線上の有界な閉集合

実数の連続性から次の定理が導かれる.

M を数直線上の有界な閉集合で，無限個の点を含んでいるものとする.

このとき，M は必ず少なくとも 1 つの集積点 P をもつ. $P \in M$ である.

【証明】　M は有界な集合だから，十分大きい自然数 k をとると

$$M \subset [-k, k]$$

となる. 区間 $[-k, k]$ を 2 等分し，閉区間 $[-k, 0]$ と $[0, k]$ を考える. このとき次の 3 つの場合がおきる.

(i)　$[-k, 0]$ の中には M の点が無限個含まれるが，$[0, k]$ の中には M の点は高々有限個しか含まれない.

(ii)　$[-k, 0]$ の中には M の点は高々有限個しか含まれないが，$[0, k]$ の中には M の点が無限個含まれる.

(iii)　$[-k, 0]$，$[0, k]$ の両方に M の点が無限個含まれる.

(i) のときには $I_1 = [-k, 0]$，(ii) のときには $I_1 = [0, k]$，(iii) のときには左側にある $[-k, 0]$ をとって，$I_1 = [-k, 0]$ とおく. いずれの場合でも，I_1 は，長さ k の閉区間で，M の点を無限に含んでいる.

I_1 を 2 等分する. このとき，この 2 等分した区間に M の点がどのように含ま

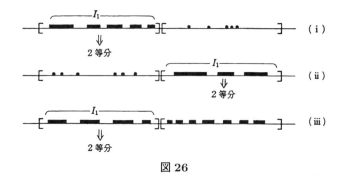

図 26

れているかをみれば，(i), (ii), (iii) と同様の状況がおきていることがわかる．したがって，それぞれの場合に応じて，I_1 を選んだのと同じ規則で，2等分したいずれか一方の閉区間をとって，閉区間 I_2 が得られる．

I_2 は，長さ $\frac{k}{2}$ の閉区間で，M の点を再び無限に含んでいる．

次に I_2 をさらに2等分して，(i), (ii), (iii) に対応する場合に応じて，同じ規則でそのどちらか1つをとることにして，それを I_3 とする．I_3 は長さ $\frac{k}{2^2}$ の閉区間で，M の点を無限に含んでいる．

この操作を次から次へとくり返していくことにより，閉区間の減少列

$$I_1 \supset I_2 \supset I_3 \supset \cdots \supset I_n \supset \cdots$$

が得られる．各 I_n は M の点を無限に含んでいる．また I_n の長さは $\frac{k}{2^n}$ で, $n \to \infty$ のとき，0へ近づく．したがって区間縮小法により，

$$\bigcap_{n=1}^{\infty} I_n = \{P\}$$

となる1点Pが存在する．Pのどんな小さい近傍をとっても，その中に十分先の I_n が含まれており，したがってまた M の点が無限に含まれている．したがって，P は M の集積点である．M が閉集合のことに注意すると，$P \in M$ であることがわかる．これで証明された．∎

平面上の有界な閉集合

いま述べた数直線上の有界な閉集合の性質は，平面上の有界な閉集合に対しても成り立つ性質である．なお，平面の部分集合が有界とは，十分大きな正方形の

中に含まれていることである.

> M を平面上の有界な閉集合で,無限個の点を含んでいるものとする.
>
> このとき,M は必ず少なくとも 1 つの集積点 P をもつ.$P \in M$ である.

この証明は,数直線上の有界な閉集合の場合と同様の考えでできるが,今度は,M をまず大きな正方形の中に入れておいて,この正方形を 4 等分していくという操作をくり返していくことになる.

まず M の点が無限に含まれているような正方形が与えられたとき,図 27 のように,この正方形を 4 等分して,番号 I, II, III, IV をふっておく. I, II, III, IV の順でこの小正方形を見ていったとき,最初に M の点が無限に含まれている小正方形を取り出すという規則をつくっておこう.たとえば I 番目と II 番目には,M の点は有限個しか含まれていないが,III 番目には M の点が無限に含まれるというときは,III 番目の小正方形を取り出すという規則である.

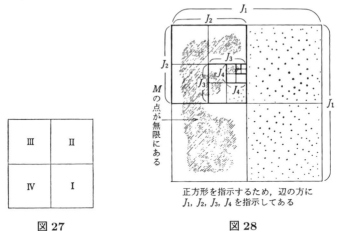

図 27　　　　　　　　　　図 28

M を含む正方形を J_1 とし,この J_1 を 4 等分して,今の規則を適用する.このとき,正方形 J_2 が得られる.J_2 を 4 等分して,再びこの規則を適用すると,正方形 J_3 が得られる.このようにして,1 辺の長さが,前の $\frac{1}{2}$ となるような正方形の系列

$$J_1 \supset J_2 \supset J_3 \supset \cdots \supset J_n \supset \cdots$$

が得られる.各 J_n には M の点が無限に含まれている (図 28).

38   第 5 講 コンパクト性

$$J_n = \left\{ (x,y) \mid a_n \leqq x \leqq b_n,\ c_n \leqq x \leqq d_n \right\}$$

とすると，このことは

$$a_1 \leqq a_2 \leqq \cdots \leqq a_n \leqq \cdots \leqq b_n \leqq \cdots \leqq b_2 \leqq b_1$$

$$c_1 \leqq c_2 \leqq \cdots \leqq c_n \leqq \cdots \leqq d_n \leqq \cdots \leqq d_2 \leqq d_1$$

で，$b_n - a_n \to 0,\ d_n - c_n \to 0$ を示している．したがって区間縮小法により，ある x_0, y_0 が存在して

$$\bigcap_{n=1}^{\infty} J_n = (x_0, y_0)$$

となる．$\mathrm{P} = (x_0, y_0)$ は，M の集積点となっている．M は閉集合だから，$\mathrm{P} \in M$ である．∎

　この定理は，ふつうボルツァーノ・ワイエルシュトラスの定理とよばれている．直観的には，箱の中に，無限に多くの砂粒が入っていれば——これはあくまで想像上のことだが——，砂粒がすべて離れ離れになっているわけにはいかなくて，どこかに密集してくることをいっている．密集するところまでは感じがつかめるが，密集した究極の点——集積点——に相当する砂粒があるかどうかは，もう直観を越えている．ここに実数の連続性が働いて，数学の中では，この究極の点が存在することが，保証されたのである．

コンパクト性

　平面 (または直線上) の集合 M が次の性質 (C) をもつとき，M はコンパクト性をもつ，あるいは簡単に，M はコンパクトであるという．

> (C)　M の中から任意に無限点列をとったとき，この無限点列は M の中に必ず集積点をもつ．

　すなわち，$\mathrm{P}_1, \mathrm{P}_2, \ldots, \mathrm{P}_n, \ldots$ を M の中の任意の無限点列とする．そのとき，この点列自体が収束するとは限らないが，この中から適当に取り出した部分点列 $\mathrm{P}_{i_1}, \mathrm{P}_{i_2}, \ldots, \mathrm{P}_{i_n}, \ldots$ は，必ず M のある点に収束する，という性質である．

　M が有限集合のときには，取り出すべき無限点列がないから，このとき，(C) は無条件に成り立っており，M はコンパクトであると考える．また上の証明から，M が無限個の点を含む有界な閉集合のときにも，M はコンパクトであるこ

とがわかる．実際，M に含まれる無限点列に注目して，上で示したような 4 分法 (直線の場合は 2 分法) をくり返していくとよい．

有限集合は，もちろん有界な閉集合だから，この 2 つの結果は，まとめて簡単に

> 有界な閉集合はコンパクトである．

といい表わされる．

ところがこの逆も成り立つ．

> コンパクト性 (C) が成り立つ集合は，有界な閉集合である．

【証明】 平面の集合の場合だけ示しておこう．(数直線上の集合に対しても，以下の推論は全く同様である．) 次の 2 つのことを示すとよい．
(i) 有界でなければ (C) は成り立たない．
(ii) 閉集合でなければ (C) は成り立たない．

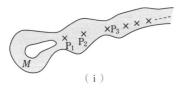
（ⅰ）
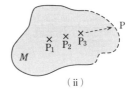
（ⅱ）

図 29

(i) の証明：M は有界でないとする．このとき，原点 O を中心とするどんなに大きい円を描いても，この円の外にある M の点が存在する．このことから M の点列

$$P_1, P_2, \ldots, P_n, \ldots$$

で，$d(O, P_n) \to \infty \ (n \to \infty)$ となるものがある．この点列は，明らかに集積点をもたない (図 29(i))．

(ii) の証明：M は閉集合でないとする．このとき，閉集合の定義を思い出してみると，M の点列 $P_1, P_2, \ldots, P_n, \ldots$ が存在して，この点列は 1 点 P に収束するが，$P \notin M$ という事態がおきている．平面全体の中で考えれば，$P_1, P_2, \ldots, P_n, \ldots$

の集積点は明らかに P ただ 1 つである.この P が M に属していないのだから,M は性質 (C) をみたしていない.

すなわち,結局次の結果が証明されたことになる.

> M がコンパクトであるための,必要かつ十分な条件は,M が有界な閉集合であることである.

Tea Time

質問 コンパクトという性質が,有界な閉集合の特徴的な性質ならば,何も,コンパクトという言葉をわざわざもち出して,M はコンパクトであると改まっていう必要もないように思います.有界な閉集合というだけで十分ではないでしょうか.定義はなるべく少ない方が,僕たちには助かるのですが.

答 定義が少ない方が助かるというのは,私も同感である.しかし,このコンパクトという定義については,このことは当てはまらない.確かに,数直線上の集合や,平面上の集合については,コンパクトな集合といわなくとも,有界な閉集合といえば済むことである.だが,ここで取り出されてきたコンパクトの性質 (C) は,点列に限らず何かある系列が '近づく' という概念のある所には,いつでも定義されることを注意しよう.たとえば

$$y = x^n \quad (n = 1, 2, \ldots)$$

という連続関数の系列は,$-2 \leqq x \leqq 2$ の範囲で '集積点' をもつだろうかということを問うてみることができる.このとき,'近づく' とは,グラフが各点で近づくことにしておく.$y = x^n$ のグラフをかいてみるとわかるように,この関数列は,連続関数の中では集積点をもたない.もし単にグラフの形にだけ注目するならば,

$$x^2, x^4, x^6, \ldots, x^{2n}, \ldots$$

のグラフは,図 30(a) の形の折れ線に近づき,

$$x, x^3, x^5, \ldots, x^{2n+1}, \ldots$$

のグラフは,図 30(b) の折れ線に近づく.いずれにしても,私たちは,次のようにいえるのである.連続関数の系列

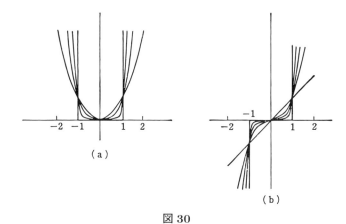

図 30

$$y = x^n \quad (n = 1, 2, \ldots;\ -2 \leqq x \leqq 2)$$

は，コンパクトの性質 (C) をもたない．それでは，連続関数の系列が，コンパクトの性質 (C) をもつのは，どんなときかという問題が次に生ずるだろう．これについては，アスコリ・アルジェラの定理というものがあり，非常に応用の広い定理となっている．

　現代数学のさまざまな場所でみられるコンパクト性の重要さを考えると，むしろ今では，有界な閉集合という母胎の中から，コンパクトという注目すべき性質が誕生してきたといってよい状況になっている．

第 **6** 講

写像と集合演算

テーマ
- ◆ 関数の見方から写像の見方へ
- ◆ 平面から平面，または数直線上への写像
- ◆ 集合から集合への写像
- ◆ 部分集合の像と逆像
- ◆ 部分集合の間の基本演算——和集合と共通部分——と写像との関係
- ◆ 集合列の和集合と共通部分と，写像との関係

実数，または座標平面上で定義された関数と写像

実数上で定義された関数
$$y = x^2 + x + 1, \quad y = 2\sin x + 1, \quad y = 5e^x$$
は，実数 x に対し，実数 y を対応させている．これらの関数のもつ個々の性質から離れて，視点をもっと一般にしてみてみると，これらの関数は，実数の集り(集合！) $\boldsymbol{R}$ から $\boldsymbol{R}$ への写像の例を与えている．

一般に，集合 X から集合 Y への写像 φ とは，X の各元 x に対して Y のある元 y を対応させる規則のことである．$y = \varphi(x)$ と書く．

座標平面の各点 $\mathrm{P}(x, y)$ に対して，原点 O からの距離 $\sqrt{x^2 + y^2}$ を対応させる関数 $f(x, y) = \sqrt{x^2 + y^2}$ は，座標平面 $\boldsymbol{R}^2$ から実数 $\boldsymbol{R}$ への写像を与えているとみることができる．また，座標平面の各点 $\mathrm{P}(x, y)$ に対して，x 軸に関し対称な点 $\mathrm{Q}(x, -y)$ を対応させる対応は，$\boldsymbol{R}^2$ から $\boldsymbol{R}^2$ への写像を与えている．

一般に，$\boldsymbol{R}^2$ から $\boldsymbol{R}^2$ への写像 φ は，点 $\mathrm{P}(x, y)$ に対して点 $\mathrm{Q}(x', y')$ を対応させる規則であるが，これは 2 つの関数 $f(x, y)$, $g(x, y)$ とによって
$$\varphi: \quad x' = f(x, y), \quad y' = g(x, y)$$
と表わされることを注意しておこう．

なお，単なる言葉の使い方にすぎないが，ふつうは，集合 X から実数 $\boldsymbol{R}$ への写像を，X 上の関数というようである．この場合でも，写像というときと，関数というときには，人によって，多少ニュアンスの違いはあるかもしれない．しかし，数学の定義としては，同じものを指している．

集合から集合への写像

このような写像を，これからしだいに一般的な立場で取り扱う必要が生じてくるので，集合 X から集合 Y への写像の基本的なことがらについて，ここで少しまとめて述べておこう．

集合 X から集合 Y への写像 φ が与えられると，X の部分集合 A に対し
$$\varphi(A) = \{y \mid y = \varphi(x), x \in A\}$$
とおくことにより，A の φ による像 $\varphi(A)$ が決まる．$\varphi(A)$ は Y の部分集合となっている．

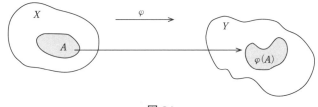

図 31

X の部分集合全体のつくる集合を $\mathfrak{P}(X)$，Y の部分集合全体のつくる集合を $\mathfrak{P}(Y)$ とすると，X の部分集合 A に $\varphi(A)$ を対応させる対応は，$\mathfrak{P}(X)$ から $\mathfrak{P}(Y)$ への写像と考えられる．したがって，写像 $\varphi : X \to Y$ が与えられると，$\mathfrak{P}(X)$ から $\mathfrak{P}(Y)$ への写像が新しく生まれてくるという見方もできるわけである．この見方を強調したいときには，$\mathfrak{P}(X)$ から $\mathfrak{P}(Y)$ へのこの写像のことを，φ の拡張写像といい，$\bar{\varphi}$ と表わすこともある．

特に，Y の部分集合 $\varphi(X)$ を，X の像（または像集合）という．$\varphi(X) = Y$ のとき，φ を X から Y の上への写像という．

$x \neq x'$ のとき $\varphi(x) \neq \varphi(x')$ が成り立つならば，φ は 1 対 1 の写像であるという．

φ が，X から Y の上への 1 対 1 写像のとき，φ の逆写像 $\varphi^{-1} : Y \to X$ が決まる．すなわち φ^{-1} は
$$\varphi(x) = y \iff \varphi^{-1}(y) = x$$

という関係によって決まる.

集合 X から集合 Y への写像 φ, 集合 Y から集合 Z への写像 ψ が与えられると, X から Z への写像 $\psi \circ \varphi$ が

$$\psi \circ \varphi(x) = \psi(\varphi(x))$$

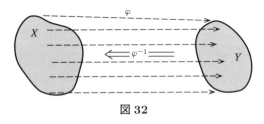

図 32

という関係で決まる. この関係は下の図式のように表わした方が見やすいかもしれない.

$$\begin{array}{ccccc} X & \xrightarrow{\varphi} & Y & \xrightarrow{\psi} & Z \\ \cup & & \cup & & \cup \\ x & \longrightarrow & \varphi(x) & \longrightarrow & \psi(\varphi(x)) \\ & \multicolumn{3}{c}{\underline{\hspace{2em}\psi \circ \varphi\hspace{2em}}} & \uparrow \end{array}$$

写像 $\psi \circ \varphi$ を, φ と ψ の合成写像という.

部分集合の演算と写像との関係

X から Y への写像 φ が与えられたとき, いま述べたように, X の部分集合 A の, φ による像 $\varphi(A)$ を考えることができる. 部分集合に注目するこの考えは, φ が 1 対 1 写像でないときにも, 逆に Y の部分集合 C に対して, C の逆像 $\varphi^{-1}(C)$ を考えることを可能にする.

$$\varphi^{-1}(C) = \{x \mid \varphi(x) \in C\}$$

$\varphi^{-1}(C)$ は, φ によって C の中に移される元 x 全体からなる X の部分集合である.

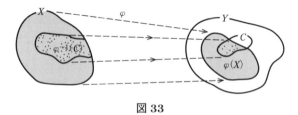

図 33

図 33 で, C が $\varphi(X)$ の外にあるとき, $\varphi^{-1}(C)$ はどうなるだろうと思うのは当然のことである. このときは $\varphi^{-1}(C) = \phi$ (空集合!) となっている. 空集合 ϕ

は，任意の集合の部分集合であるという約束が，こうしたとき，有効にきくのである．

部分集合の間には，和集合をとる演算∪と，共通部分をとる演算∩がある．この演算と，写像との関係については，次の結果が成り立つ．

φ を X から Y への写像とし，$A, B \subset X$，$C, D \subset Y$ とする．

> (i) $\varphi(A \cup B) = \varphi(A) \cup \varphi(B)$
> (ii) $\varphi(A \cap B) \subseteq \varphi(A) \cap \varphi(B)$
> (iii) $\varphi^{-1}(C \cup D) = \varphi^{-1}(C) \cup \varphi^{-1}(D)$
> (iv) $\varphi^{-1}(C \cap D) = \varphi^{-1}(C) \cap \varphi^{-1}(D)$

【証明】 (i) $\varphi(A \cup B) \supset \varphi(A), \varphi(B)$ だから，まず $\varphi(A \cup B) \supset \varphi(A) \cup \varphi(B)$ が成り立つことがわかる．逆向きの包含関係を示すために $y \in \varphi(A \cup B)$ とする．このとき，ある $x \in A \cup B$ が存在して $y = \varphi(x)$ となっている．$x \in A$ か，$x \in B$ である．$x \in A$ ならば $y \in \varphi(A)$，$x \in B$ ならば $y \in \varphi(B)$．したがって $y \in \varphi(A) \cup \varphi(B)$ が成り立つ．このことは $\varphi(A \cup B) \subset \varphi(A) \cup \varphi(B)$ を示しており，結局前のことと併せて $\varphi(A \cup B) = \varphi(A) \cup \varphi(B)$ が成り立つことがわかった．

(ii) $\varphi(A \cap B) \subset \varphi(A), \varphi(A \cap B) \subset \varphi(B)$ から，$\varphi(A \cap B) \subset \varphi(A) \cap \varphi(B)$ が成り立つことは明らかである．ここで等号が一般には成り立たない例としては，φ として $\boldsymbol{R}$ から $\boldsymbol{R}$ への写像 $\varphi : y = x^2$ をとり，$A = [-1, 0]$，$B = [0, 1]$ をとると，$A \cap B = \{0\}, \varphi(A \cap B) = \{0\}$ であるが，$\varphi([-1, 0]) = [0, 1], \varphi([0, 1]) = [0, 1]$．したがって $\varphi(A) \cap \varphi(B) = [0, 1]$ となり，$\varphi(A \cap B) \subsetneq \varphi(A) \cap \varphi(B)$ である．この例よりも，図 34 で示してある例の方が，わかりやすいかもしれない．

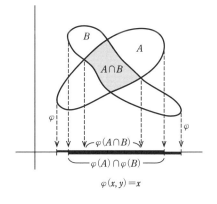

図 34

(iii) と (iv) のうち，(iv) だけ示しておこう：

46　第6講　写像と集合演算

$\varphi^{-1}(C \cap D) \subset \varphi^{-1}(C), \varphi^{-1}(D)$ だから，$\varphi^{-1}(C \cap D) \subset \varphi^{-1}(C) \cap \varphi^{-1}(D)$ が成り立つことがわかる．逆の包含関係を示すため $x \in \varphi^{-1}(C) \cap \varphi^{-1}(D)$ とする．このとき $x \in \varphi^{-1}(C)$ から $\varphi(x) \in C$，また $x \in \varphi^{-1}(D)$ から $\varphi(x) \in D$．したがって $\varphi(x) \in C \cap D$．このことは $x \in \varphi^{-1}(C \cap D)$ を示している．ゆえに $\varphi^{-1}(C) \cap \varphi^{-1}(D) \subset \varphi^{-1}(C \cap D)$．前の包含関係と併せて，$\varphi^{-1}(C \cap D) = \varphi^{-1}(C) \cap \varphi^{-1}(D)$ が示された．　∎

　(i)，(ii)，(iii)，(iv) を見比べてみると，部分集合の演算に関しては，φ より，むしろ φ^{-1} の方が自然に振舞っていることがわかる．第8講で，写像の連続性を述べる際，開集合 O の逆像 $\varphi^{-1}(O)$ が考察の対象となってくる．そのため，ここで (iii)，(iv) の性質をよく注意して覚えておいた方がよい．

集合列の演算と写像との関係

　開集合や閉集合の基本的な性質のところでもみたように，一般には，集合の系列 $A_1, A_2, \ldots, A_n, \ldots$ に対しても，和集合 $\bigcup_{n=1}^{\infty} A_n$ や，共通部分 $\bigcap_{n=1}^{\infty} A_n$ を考えることができる．このような可算個の集合の和集合や共通部分に対しても，同様の結果が成り立つ．

$$(i)' \quad \varphi \left(\bigcup_{n=1}^{\infty} A_n \right) = \bigcup_{n=1}^{\infty} \varphi(A_n)$$
$$(ii)' \quad \varphi \left(\bigcap_{n=1}^{\infty} A_n \right) \subseteq \bigcap_{n=1}^{\infty} \varphi(A_n)$$
$$(iii)' \quad \varphi^{-1} \left(\bigcup_{n=1}^{\infty} C_n \right) = \bigcup_{n=1}^{\infty} \varphi^{-1}(C_n)$$
$$(iv)' \quad \varphi^{-1} \left(\bigcap_{n=1}^{\infty} C_n \right) = \bigcap_{n=1}^{\infty} \varphi^{-1}(C_n)$$

　証明は，前と全く同様にできる．ここでも，(iii)′，(iv)′ の性質に，特に注目しておいてほしい．

集合族の演算と写像との関係

　『集合への30講』を読まれた方は，もっと一般に，部分集合族 $\{A_\gamma\}_{\gamma \in \Gamma}$（$\Gamma$ は空でない集合）に対しても和集合 $\bigcup_{\gamma \in \Gamma} A_\gamma$，共通部分 $\bigcap_{\gamma \in \Gamma} A_\gamma$ が定義されることを学ばれたであろう．たとえば，集合列 $A_1, A_2, \ldots, A_n, \ldots$ は，この記法では $\{A_n\}_{n \in N}$（N は自然数の集合）と表わされ，和集合，共通部分は，それぞれ

$\bigcup_{n \in N} A_n$, $\bigcap_{n \in N} A_n$ と表わされる.

この場合にも，上と同様なことは成り立つことが示される.

$$
\begin{aligned}
&\text{(i)}'' \quad \varphi\bigl(\bigcup_{\gamma \in \Gamma} A_\gamma\bigr) = \bigcup_{\gamma \in \Gamma} \varphi(A_\gamma) \\
&\text{(ii)}'' \quad \varphi\bigl(\bigcap_{\gamma \in \Gamma} A_\gamma\bigr) \subseteq \bigcap_{\gamma \in \Gamma} \varphi(A_\gamma) \\
&\text{(iii)}'' \quad \varphi^{-1}\bigl(\bigcup_{\gamma \in \Gamma} C_\gamma\bigr) = \bigcup_{\gamma \in \Gamma} \varphi^{-1}(C_\gamma) \\
&\text{(iv)}'' \quad \varphi^{-1}\bigl(\bigcap_{\gamma \in \Gamma} C_\gamma\bigr) = \bigcap_{\gamma \in \Gamma} \varphi^{-1}(C_\gamma)
\end{aligned}
$$

Tea Time

写像 $\varphi : X \to Y$ が与えられているとき，$E \subset Y$ の補集合 E^c は，φ^{-1} で，$\varphi^{-1}(E)$ の補集合 $\varphi^{-1}(E)^c$ へ移る.

一読しただけでは，何をいっているかわかりにくいかもしれないが，このことを説明しよう. Y の部分集合 E の補集合 E^c とは，Y から E を除いた残りである. E^c はしたがって

$$E \cup E^c = Y, \quad E \cap E^c = \phi$$

という性質をもっている (図 35 の右の図参照). これを X から Y への写像 φ によって X の方へ引き戻してみると

$$\varphi^{-1}(E \cup E^c) = \varphi^{-1}(Y) = X, \quad \varphi^{-1}(E \cap E^c) = \varphi^{-1}(\phi) = \phi$$

すなわち，(iii), (iv) から

$$\varphi^{-1}(E) \cup \varphi^{-1}(E^c) = X, \quad \varphi^{-1}(E) \cap \varphi^{-1}(E^c) = \phi$$

となる. このことから，$\varphi^{-1}(E^c)$ が，X から $\varphi^{-1}(E)$ を除いた残りとなっていることがわかる (直観的には明らかであろうが，厳密に示すこともできる (『集合への 30 講』第 11 講 Tea Time 参照). すなわち

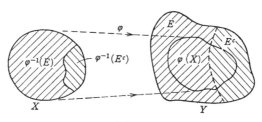

図 35

$$\varphi^{-1}(E^c) = \varphi^{-1}(E)^c$$

が成り立つ．これが冒頭で述べていることである．簡単にいえば，部分集合 E を引いた残りは，φ^{-1} で，やはり残りの集合へと移るということである．

質問 今まで僕たちが関数 $y = x^2 - 5x$ や $y = \cos 3x$ などを考えるとき，いつでも x のある値に対して，y がどのような値をとるかだけが，問題となっていました．ここでのお話しでは，今度は，x 軸上の部分集合 A が，y 軸上でどのようになっているかとか，y 軸上の部分集合 C へ移されるような x 軸上の集合がどんなものかといったことを考えるようになるということですが，僕たちには，これは随分目新しい考えのようにみえます．どうしてこういう見方が必要なのでしょうか．

答 日常でも，このように部分集合が移る先を考えることもあるのである．たとえば，東京から京都へ向けて 2 台の自動車が東名高速道路を走り出した場合，この走行距離は出発時から経過した時間の関数として，それぞれ $y = f(t), y = g(t)$ と表わされる．(時間 t の単位は分にとっておく．) 私たちは，出発後 40 分から 1 時間 20 分 (80 分) までの間に，2 台の自動車がどの辺りを走ったかを考えるときには，t 軸上の区間 $[40, 80]$ の f と g による像を考えていることになるだろう．

このような日常的な話を離れれば，私たちがここで写像による部分集合の像や逆像の考察を必要とするのは，次のようなことによっている．私たちが問題としたいのは，'近さ' についての数学的取扱いであり，この場合，'近さ' とは，1 点だけではなくて，1 点の近く，たとえば ε をいろいろにとったときの ε-近傍での状況を調べることによって明らかとなるものである．したがって，X から Y への写像 φ が与えられたとき，φ によって X と Y の近さの性質が，どのように関係し合うかをみるためには，単に 1 点がどこに移るかだけではなくて，1 点の近く——ε-近傍——がどのように互いに移り合っているかを調べることが必要となる．このとき，考察の中心は，点の対応から，部分集合への対応へと移行してくる．これは実は第 8 講のテーマである．

第 **7** 講

連　続　性

── テーマ ─────────────────────
◆ 関数のグラフがつながっている場合と，つながっていない場合
◆ 連続性——グラフのつながり
◆ 連続性と近さ
◆ 1 点における連続性
◆ 各点における連続性——連続関数
◆ 連続写像
◆ 連続写像によってコンパクト性は保たれる．

つながっているグラフ

　数直線上で定義された実数値関数 $y = f(x)$ を考える．もちろん，第 1 講のように数直線上の点を P で表わして，$y = f(x)$ の代りに，$y = f(\mathrm{P})$ と書いてもよい．しかし，必要なときに改めて P の座標を明示する面倒さを避けるために，ここでは，$y = f(x)$ の記法を用いることにする．

　よく知られているように，関数 $y = f(x)$ の対応を示すのに，座標平面上のグラフ表示が用いられる．たとえば

$$y = mx + n$$

のグラフは，傾きが m で，y 軸の切片が n である直線であり，

$$y = ax^2 + bx + c \quad (a \neq 0)$$

のグラフは対称軸が y 軸に平行な放物線である．また三角関数

$$y = \sin x$$

のグラフは，周期 2π で高さが 1 と -1 の間を波打つ曲線として表わされている (図 36)．

　これらのグラフは，すべて切れ目がなく 'つながった曲線' となっている．

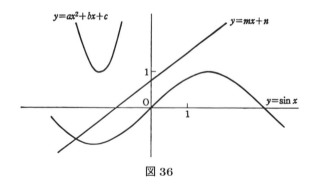

図 36

これに反して,たとえば次のように定義される $y = \operatorname{sgn} x$ という関数のグラフは,原点のところで切れている:

$$y = \begin{cases} -1, & x < 0 \\ 0, & x = 0 \\ 1, & x > 0 \end{cases}$$

また,

$$y = \begin{cases} x^2, & x \leqq 0 \\ x^2 + 1, & x > 0 \end{cases}$$

で与えられる関数のグラフも,原点のところでつながっていない(図37,破線で示されているグラフ).

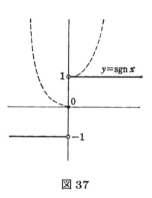

図 37

関数の 1 点における連続性

これから,関数 $y = f(x)$ が連続であるという性質をどのように捉えたらよいかを考えたいのであるが,まず連続性について最も素朴でわかりやすいいい方は,次のように述べることである:

関数 $y = f(x)$ のグラフがつながっているとき,$y = f(x)$ は連続関数であるという.

このいい方で,連続性ということで関数のどのような性質に注目したいかということはひとまずわかるのだが,しかしこれは数学の定義としては適当でない.

なぜかというと，グラフがつながっているということが，どういうことなのか，実はあまりはっきりしないからである．眼で見て確かめるというのでは，視力のよい人と悪い人とでは，結果が違ってくるだろう．

グラフがつながっているということを厳密に定義しようとすると，最初に気がつくことは，これはグラフ上の1点だけの性質ではないということである．各点の近くでのグラフのつながっていく模様に注目して，いわば視線を動かしていかなくてはならない．グラフがつながっているならば，xを少し変えたとき，対応して$y = f(x)$の値も少しだけ変わるだろう．またxに近づく点列があれば，対応するyの値の方も，$f(x)$へと近づいていくだろう．'近づく'という性質は，この講義全体の主題である．このようにして，連続性の背景に，'近さ'の概念が浮かび上がってくる．

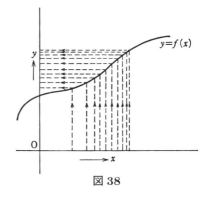

図 38

そこで，連続性を近さの観点から改めて定義してみたい．そのためには，関数 $y = f(x)$ を，数直線 $\boldsymbol{R}$ から数直線 $\boldsymbol{R}$ への写像とみる方が考えやすいかもしれない．1点aで，$y = f(x)$が連続であるということを，aに近づく点列は，fによって，$f(a)$に近づく点列へ移されるということで定義しよう．すなわち

【定義】 関数$y = f(x)$が，$x = a$で連続であるとは，$n \to \infty$のとき，aに近づく任意の点列 $x_1, x_2, \ldots, x_n, \ldots$ に対し，点列 $f(x_1), f(x_2), \ldots, f(x_n), \ldots$ が $f(a)$ に近づくことである．

いいかえれば

$$\boxed{n \to \infty \text{ のとき, } x_n \to a \Longrightarrow f(x_n) \to f(a)}$$

(矢印 $\Longrightarrow$ は'ならば'と読むとよい．)

関数の連続性

ところが，この定義だけでは，グラフがaの近くでつながっているということは

いえないのである．実際，図39で示したように，グラフがしだいに細かいちぎれ雲のようになって，グラフ上の点 $(a, f(a))$ に近づいていくときにも，グラフは切れ切れなのに，上の定義で述べている性質は成り立っているからである．

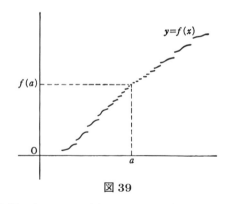

図 39

では，どのようにして，グラフがつながっているという性質を，数学的に抽出したらよいだろうか．この答を得るためには，図39のグラフを，$x = a$ のところだけに注目しないで，全体を眺めてみるとよいのである．そうすると，雲の切れ目になっているようなところでは，右の方からか，左の方からか，どちらかから近づく点列に対しては，定義で述べている性質が成り立たないことがわかる．そこでグラフが完全に切れて，ジャンプしているからである．（一つの雲から次の雲へと連続的に乗り移れない！）そのことから，どの点 x をとっても，定義で述べている性質が x で成り立つ，すなわち '$x_n \to x \Longrightarrow f(x_n) \to f(x)$' が成り立つとすると，今度は，雲のちぎれがなくなって，全体としてつながった雲となるだろう．グラフがつながったのである!!

ここで前に与えた素朴な形での連続関数の定義を，次の定義におきかえることにして，これを連続性の出発点としよう．

【定義】 各点 x で次の性質が成り立つとき，関数 $y = f(x)$ は連続であるという．

x に近づく任意の点列 $x_1, x_2, \ldots, x_n, \ldots$ に対し

$$f(x_n) \longrightarrow f(x) \quad (n \to \infty)$$

写像の連続性

ここで与えた連続性の定義は，数学にとって，最も基本的な定義だから，もう少しいろいろ調べていくことにしよう．

第2講を参照すると，絶対値を用いて導入した数直線上の距離 d を用いると，$f(x_n) \to f(x) \, (n \to \infty)$ ということは，

'どんな小さい正数 ε をとっても，ある番号 k で

$$n \geqq k \Longrightarrow d\left(f\left(x_n\right),\, f(x)\right) < \varepsilon$$

をみたすものがある'

と書くことができる．連続性の定義からも直接気がつくことだし，また，こう書き直してみてもわかることだが，連続性の定義は，何も数直線上の関数だけではなくて，距離があって，点列が近づくという概念がはいる所には，同じように述べることができるのである．たとえば，次の定義をおくことは自然なことであろう．

【定義】 平面から平面への写像 φ が，各点 P で次の性質をみたすとき，連続写像であるという：

　'P に近づく任意の点列 $\mathrm{P}_1, \mathrm{P}_2, \ldots, \mathrm{P}_n, \ldots$ に対し

$$\varphi\left(\mathrm{P}_n\right) \longrightarrow \varphi(\mathrm{P}) \quad (n \to \infty)'$$

　平面から平面への写像に対しては，グラフを描くわけにはいかない．なぜなら，写像 φ が $x' = f(x, y)$，$y' = g(x, y)$ と座標で表わされたとすると，このグラフを書くためには，まず x 軸，y 軸を用意し，次にこれに直交する方向に x' 軸，y' 軸を引かなければならない．こんなことは，3 次元の中に住む私たちには不可能なことである．したがって，平面から平面への写像が連続であることは，グラフがつながっていることであるというような視覚的ないいかえで説明するわけにはいかない．

　数直線上の関数の場合からスタートした連続性の定義は，このように一般化される可能性を内蔵しているのだから，グラフがつながっているという考え方にこだわるよりは，むしろこれからは

　'連続性とは，近づくものを，近づくものへと移す性質である'

と考えておいた方がよい．

　そうすれば，同じような定義で，平面から数直線への写像 (平面上の関数！) が連続であることも，また数直線から平面への写像が連続であることも，同様に述べることができるだろう．

54　第7講 連 続 性

連続写像とコンパクト集合

　今まで考えた範囲では，写像としては，数直線から数直線または平面への写像と，平面から数直線または平面への写像と，4つの場合が考えられる．連続性の定義はこのいずれの場合にも当てはまるように与えておいたが，次の定理も，このいずれの場合にも成り立つ．

【定理】　連続写像によって，コンパクトな集合はコンパクトな集合へ移る．

【証明】　平面から平面への連続写像 φ の場合にだけ示しておこう．定理で主張していることは，M をコンパクトな集合とすると，$\varphi(M)$ もまたコンパクト集合になるということである．第5講のコンパクト性 (C) を見ると，そのためには次のことを示せばよいことになる．

　$(*)$　$\varphi(M)$ から任意に無限点列 $Q_1, Q_2, \ldots, Q_n, \ldots$ をとると，この点列は必ず $\varphi(M)$ の中に集積点をもつ．

　$(*)$ の証明．M の点列 $P_1, P_2, \ldots, P_n, \ldots$ を，$\varphi(P_1) = Q_1$，　$\varphi(P_2) = Q_2$，$\ldots, \varphi(P_n) = Q_n, \cdots$ のようにとる．$P_1, P_2, \ldots, P_n, \ldots$ は，M の中の無限点列だから，M のコンパクト性により，必ず M の中に集積点 P をもつ．すなわち，$\{P_n\}$ から適当な部分点列 $P_{i_1}, P_{i_2}, \ldots, P_{i_n}, \ldots$ をとると

$$P_{i_n} \longrightarrow P \quad (i_n \to \infty)$$

となる．φ の連続性から，このとき

$$\varphi(P_{i_n}) \longrightarrow \varphi(P) \quad (i_n \to \infty)$$

$\varphi(P) = Q$ とすると，$P \in M$ により，$Q \in \varphi(M)$ であって

$$Q_{i_n} \longrightarrow Q \quad (i_n \to \infty)$$

である．すなわち Q は $\varphi(M)$ の集積点である．これで $(*)$ が証明された．　∎

　第5講を参照すると，この定理は

> 有界な閉集合の連続像は，有界な閉集合である．

といっても同じことを述べていることになる．

Tea Time

 コンパクト集合 M 上で定義された連続関数は，有界であって，最大値，最小値をとる．

講義の中では，平面全体で定義された関数を考えてきたが，部分集合 M 上だけで定義された関数 f に対しては，M に属する点列 $\{P_n\}$ が，M の点 P に収束するとき，$f(P_n) \to f(P)$ が成り立つとき，連続であるという．このとき，定理の証明がそのまま使えて，M がコンパクトのとき，$f(M)$ が，数直線上の集合としてコンパクトであることが示される．したがって第5講の結果から，$f(M)$ は，数直線の（したがって $\boldsymbol{R}$ の）有界な閉集合である．有界性から，まず $f(P)$ $(P \in M)$ のとる範囲が有界であることがわかる．そこで

$$k = \sup_{P \in M} f(P)$$

とおく．上限の定義から，$f(M)$ の中に点列 $x_1, x_2, \ldots, x_n, \ldots$ が存在して（$x_1 = x_2 = \cdots = x_n = \cdots = k$ の場合もある），$x_n \to k$ $(n \to \infty)$ となる．$f(M)$ は閉集合だったから，$k \in f(M)$ である．このことは，M の中に1点 P_0 が存在して $f(P_0) = k$ となることを示している．すなわち，f は $P = P_0$ で最大値 k をとる．同様にして，f は M 上で最小値をとることもわかる．

質問 以前，本で見たことがあるのですが，$x > 0$ で次のように定義された関数 $y = f(x)$ は，x が有理数のとき不連続，x が無理数のとき連続と書いてありました．

$$f(x) = \begin{cases} \dfrac{1}{p}, & x \text{ が } \dfrac{q}{p} \text{ と既約分数で表わされているとき} \\ 0, & x \text{ が無理数} \end{cases}$$

この関数 $f(x)$ は，連続の所と，不連続の所が，入りまじっているわけですが，この感じがどうもよくわかりません，説明していただけませんか．

答 まず $x = a$ が無理数ならば，a で $f(x)$ は連続であることを示してみよう．分母が100までの分数 $\dfrac{n}{2}, \dfrac{n}{3}, \ldots, \dfrac{n}{100}$ は，数直線上で，$\dfrac{1}{2}$ の間隔の等分点，$\dfrac{1}{3}$ の間隔

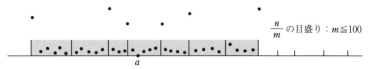

図 40

の等分点, $\cdots$, $\frac{1}{100}$ の間隔の等分点上に並んでいる. a は無理数だから, これらの等分点のどこにも乗っていない. a からこの一番近い等分点までの長さを ε とする. そうすると $d(x,a) = |x - a| < \varepsilon$ をみたす x は, この等分点の上に乗っていない. したがって x は無理数か, x は分母が 100 より大きい既約分数である. したがって

$$f(x) < \frac{1}{100}$$

となる. 100 の代りに, もっと大きい数 K をとると, x は a のもっとずっと近くにとらなければならないが, そこで

$$f(x) < \frac{1}{K}$$

となる. すなわち $x \to a$ のとき $f(x) \to 0 \ (= f(a))$ となる. したがって $x = a$ で, $f(x)$ は連続である.

次に $x = a$ が分数 $\frac{q}{p}$ の所では, $f(x)$ は不連続のことを示そう. $\sqrt{2}$ は無理数である. したがってまた

$$\frac{m}{n}\sqrt{2} \quad (m, n = 1, 2, \ldots)$$

も無理数である. $\frac{m}{n}\sqrt{2} \ (m = 1, 2, \ldots)$ は, 0 から $\sqrt{2}$ までを n 等分した目盛りを, どんどん先に等間隔につけていった点として記されている. n を大きくすれば, この目盛りはいくらでも細かくなる. したがってこの目盛りに乗っている点 $x_1, x_2, \ldots, x_n, \ldots$ を伝わって, いくらでも a に近づける. 各 x_n は無理数だから $f(x_1) = f(x_2) = \cdots = f(x_n) = \cdots = 0$ である. 一方, $f(a) = \frac{1}{p}$ だから $f(x_n)$ は, $n \to \infty$ のとき, $f(a)$ に近づかない. したがって, a で不連続である.

第 **8** 講

連続性と開集合

―― テーマ ――

◆ 1 点における連続性を，近傍を用いていい表わす．

◆ ε-δ 論法

◆ 連続性と開集合：連続性 $\Longleftrightarrow$ 開集合の逆像が開集合

◆ 連続性と閉集合：連続性 $\Longleftrightarrow$ 閉集合の逆像が閉集合

◆ 連続写像によって，一般に，開集合は開集合に移らない．閉集合
も閉集合に移るとは限らない．

連続性と近傍

　ここでは，平面から平面への連続写像 φ を中心にして話を進めてみよう．φ は各点 P で連続だから，

$$(*) \quad \mathrm{P}_n \to \mathrm{P} \quad (n \to \infty) \Longrightarrow \varphi(\mathrm{P}_n) \to \varphi(\mathrm{P})$$

が成り立っている．第 2 講の最後を見ると，

$$\mathrm{P}_n \to \mathrm{P} \Longleftrightarrow どんな正数 \delta をとっても，ある番号 k で$$

$$n > k \Longrightarrow \mathrm{P}_n \in V_\delta(\mathrm{P})$$

であり，同様に

$$\varphi(\mathrm{P}_n) \to \varphi(\mathrm{P}) \Longleftrightarrow どんな正数 \varepsilon をとっても，ある番号 k' で$$

$$n > k' \Longrightarrow \varphi(\mathrm{P}_n) \subset V_\varepsilon(\varphi(\mathrm{P}))$$

と表わされる．(k と k'，δ と ε は，それぞれが別の状況であることを明らかにするため，別々の記号を使ったにすぎない．) $(*)$ の両辺が，このように点列が近傍に入っていくという形でいい表わされているのだから，P における連続性 $(*)$ は，何か，P と $\varphi(\mathrm{P})$ の近傍相互の関係でいい表わされないだろうかということが，当然考えられてくる．

近傍による連続性の表現

実際,(∗) は次のことと同値である.

> どんな正数 ε に対しても,適当な正数 δ をとると
> $$(**) \quad Q \in V_\delta(P) \implies \varphi(Q) \in V_\varepsilon(\varphi(P))$$
> が成り立つ.

同値であることの証明:(∗)⟹(∗∗)

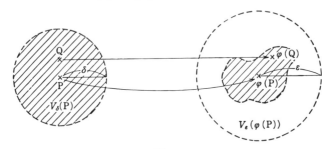

図 41

(∗) が成り立つのに,(∗∗) が成り立たないと仮定して矛盾の生ずることをみよう.(∗∗) が成り立たないとすると,ε としてある正数 ε_0 をとったとき,この命題が成り立たないことになる.すなわち,どんな正数 δ をとっても

$$Q \in V_\delta(P) \text{ であるが},\ \varphi(Q) \notin V_{\varepsilon_0}(\varphi(P))$$

となるような Q が存在することになる.

δ として特に $1, \frac{1}{2}, \frac{1}{3}, \ldots, \frac{1}{n}, \ldots$ をとると,それに応じて,ある Q_n で

$$Q_n \in V_{\frac{1}{n}}(P) \text{ であるが},\ \varphi(Q_n) \notin V_{\varepsilon_0}(\varphi(P))$$

となるものが存在する.$n \to \infty$ のとき,$Q_n \to P$ であるが,$d(\varphi(Q_n), \varphi(P)) \geqq \varepsilon_0$ だから,$\varphi(Q_n)$ は $\varphi(P)$ に近づかない.これは (∗) に矛盾する.したがって (∗)⟹(∗∗) が示された.

(∗∗)⟹(∗)

(∗∗) が成り立つとする.$P_n \to P\ (n \to \infty)$ となる点列を任意にとる.任意に正数 ε を1つとってきたとき,(∗∗) をみたす正数 δ が決まる.$P_n \to P\ (n \to \infty)$

により，ある番号 k が存在して，
$$k < n \Longrightarrow \mathrm{P}_n \in V_\delta(\mathrm{P})$$
となる．したがって δ のとり方から，
$$k < n \Longrightarrow \varphi(\mathrm{P}_n) \in V_\varepsilon(\varphi(\mathrm{P}))$$
も成り立つことになる．ε は任意の正数でよかったのだから，このことは $\varphi(\mathrm{P}_n) \to \varphi(\mathrm{P})$ $(n \to \infty)$ を示している．すなわち $(*)$ が成り立つ．これで $(**) \Longrightarrow (*)$ が示された．∎

数直線上の実数値関数

数直線上の実数値関数 $y = f(x)$ が与えられたとき，点 a で $f(x)$ が連続であるという性質は，$(**)$ の形でいい表わされるわけである．この場合

$x \in V_\delta(a)$ は，$|x - a| < \delta$ と同じことであり，

$f(x) \in V_\varepsilon(f(a))$ は，$|f(x) - f(a)| < \varepsilon$ と同じことである

ことに注意すると，結局 $f(x)$ で $x = a$ が連続であることは，次のようにいい表わされることがわかる．

どんな正数 ε をとっても，ある正数 δ が存在して
$$|x - a| < \delta \Longrightarrow |f(x) - f(a)| < \varepsilon$$
が成り立つ．

この連続性の表現で，このようにギリシャ文字 ε と δ を使うことは，ほぼ定着してしまったので，この連続性の表現を用いて，関数の連続性についてのいろいろな性質を導く論法のことを，ε-δ 論法というのがふつうのことになってしまった．だが，この内容を，微積分の教程の最初に十分よく理解してもらうことは，なかなか難しいことなのである．

連続性と開集合

$(**)$ をみると，Q は $V_\delta(\mathrm{P})$ の任意の点でよいのだから，$(**)$ は

どんな正数 ε に対しても，適当な正数 δ をとると
$$(***) \quad \varphi(V_\delta(\mathrm{P})) \subset V_\varepsilon(\varphi(\mathrm{P}))$$
が成り立つ．

60　第 8 講　連続性と開集合

と書き直してもよいことがわかる.

　さて，これらはすべて，写像 φ の点 P における連続性をいい表わしている.
それでは，φ が連続写像であること，すなわち各点 P で (∗) (あるいは同値な
(∗∗)，(∗∗∗)) が成り立つことを，簡明ないい方でいい表わすことはできないだろ
うか.

　ここで，写像の連続性の中に，開集合という概念がはっきりした形をとって登
場してくるのである. すなわち次の定理が成り立つ.

【定理】　φ が連続写像であるための必要かつ十分な条件は，任意の開集合 O に対
して，$\varphi^{-1}(O)$ が開集合となることである.

【証明】　必要性：φ を連続写像とする. O を任意の開集合とする. $\varphi^{-1}(O)$ から
1 点 P をとる. $\varphi(\mathrm{P}) \in O$ である. O は開集合だから，十分小さい正数 ε をとると

$$V_\varepsilon(\varphi(\mathrm{P})) \subset O \tag{1}$$

となる. したがって φ の点 P における連続性と (∗∗∗) から，ある正数 δ が存在
して

$$\varphi\left(V_\delta(\mathrm{P})\right) \subset V_\varepsilon(\varphi(\mathrm{P})) \tag{2}$$

が成り立つ. (1) と (2) から

$$\varphi\left(V_\delta(\mathrm{P})\right) \subset O$$

となる. このことは $V_\delta(\mathrm{P}) \subset \varphi^{-1}(O)$ と書いてもよい. すなわち，P の δ-近傍が
$\varphi^{-1}(O)$ に含まれている. P は $\varphi^{-1}(O)$ の任意の点でよかったから，このことは，
$\varphi^{-1}(O)$ が開集合であることを示している.

　十分性：逆に，任意の開集合 O に対して，$\varphi^{-1}(O)$ が開集合であるという性質
を φ がもっているとする. 任意の点 P をとって，そこで (∗∗∗) が成り立つことを
みよう. 与えられた正数 ε に対し，$\varphi(\mathrm{P})$ の ε-近傍は開集合だから

$$O = V_\varepsilon(\varphi(\mathrm{P})) \tag{3}$$

とおく. このとき，もちろん $\mathrm{P} \in \varphi^{-1}(O)$，また仮定から $\varphi^{-1}(O)$ は開集合.
したがって，十分小さい正数 δ をとると $V_\delta(\mathrm{P}) \subset \varphi^{-1}(O)$ となる. したがって

$\varphi(V_\delta(\mathrm{P})) \subset O.$ (3) を見ると，このことは

$$\varphi(V_\delta(\mathrm{P})) \subset V_\varepsilon(\varphi(\mathrm{P}))$$

を示している．ゆえに φ は P で連続となる．P は任意の点でよかったから，φ は連続写像である． ∎

連続性と閉集合

定理は，写像 φ が連続であることと，開集合の逆像は開集合であるという性質が同値のことを述べている．それでは，連続性と閉集合との関係はどうなっているのかと問うてみることは，ごく自然なことである．これについては，実は対応する定理が成り立つ．

【定理】 φ が連続写像であるための必要かつ十分な条件は，任意の閉集合 F に対して，$\varphi^{-1}(F)$ が閉集合となることである．

この定理は，前の定理と，第 3 講と第 6 講の Tea Time で述べたことから導かれる．実際，第 3 講の Tea Time から，F が閉集合ならば，補集合 F^c は開集合である．φ が連続写像ならば，$\varphi^{-1}(F^c)$ は開集合である．第 6 講の Tea Time から，$\varphi^{-1}(F^c) = \varphi^{-1}(F)^c$．したがって $\varphi^{-1}(F)$ は，開集合 $\varphi^{-1}(F^c)$ の補集合として閉集合となる．これで，φ が連続ならば，閉集合の逆像は閉集合であることが示された．この逆が成り立つことも，同様にして示すことができる．

開集合の連続写像による像は一般に開集合でない

連続写像 φ に対して，一般に開集合の像は，開集合になるとは限らない．また閉集合の像が閉集合になるとも限らない．

【例 1】 数直線上で定義された連続関数 $y = x^2$ を考える．x 軸上の開区間 $(-1, 1)$ の $y = x^2$ による像は，$[0, 1)$ となり，これは開集合ではない．

【例 2】 座標平面から座標平面への連続写像 φ を

$$\varphi(x, y) = \begin{cases} (x, -y), & y \geqq 0 \\ (x, y), & y < 0 \end{cases}$$

により定義する．φ は x 軸の上にある部分を，x 軸を折れ線として下半分の方へ折り曲げたものである．このとき，原点を中心とする半径 1 の円の内部を O とすると，O は開集合であるが，$\varphi(O)$ は開集合ではない (図 42).

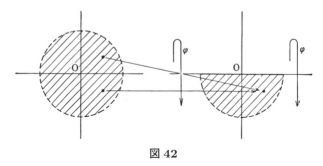

図 42

連続写像によって，閉集合の像が一般に閉集合にならない例を見出すためには，第 7 講の最後に述べたことを考慮しないといけない．そこで述べたことによると，有界な閉集合の像は，必ず閉集合となるのだから，もしもそのような例があるとすると，有界でない閉集合のときである．たとえば，数直線上で定義された連続関数

$$y = \tan^{-1} x$$

は，閉集合 $[0, \infty)$ を，$[0, 1)$ に移している．$[0, 1)$ は閉集合でないから，これは 1 つの例を与えている．

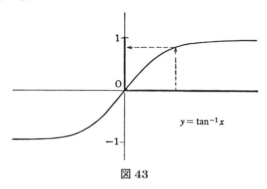

図 43

Tea Time

質問　第7講での連続性の定義では，まず1点 P における連続性の定義を与えて，それから，次に各点 P で連続のとき，写像は連続であると定義しました．ところが開集合を用いて連続性を述べると，'各点 P で連続' などといういい方は消えてしまいました．連続性とは，1点のごく近くの性質が基本だったのではないのですか．

答　適切な質問と思う．連続性とは，1点の近くの写像の'つながり'と，その状態が，各点で成り立っているということを述べていることは確かである．一方，開集合という概念は，大域的な性質と局所的な性質を併せもっている．すなわち開集合 O はいくらでも大きくとることができるが，'開である' という性質は，各点 P の十分近くの性質：'ある正数 ε をとると $V_\varepsilon(P) \subset O$' でいい表わされている．開集合は，したがって，各点での局所的な性質によって規定されている大域的な集合であるといえる．もう少しわかりやすくいえば，開集合を書くときは，いつも大きな円のような図形の内部を書いて例示しているが，その内在的な性質は，局所的なもので与えられているのである．この開集合の概念が，連続性と実によく適合したのである．実際，講義の中でみたように，連続性の中にある2つの性質，1点での連続性（局所性！）と各点における連続性（大域性！）が，開集合のもつ性質の中に融和されて，連続性とは，開集合の逆像は開集合であるという簡明ないい方が可能になったのである．これは概念の勝利といってよいのだろう．

第 **9** 講

部分集合における近さと連結集合

┌ テーマ ─────────────────────
- ◆ 部分集合上に限って考える.
- ◆ 部分集合に限ったときの，近さと，近づくという概念の見直し
- ◆ 部分集合における近傍，開集合，閉集合
- ◆ 連結集合：離れ離れになっていない集合
- ◆ 数直線上の連結集合は区間に限る.
- ◆ 連結集合の連続写像による像は，連結である.
└────────────────────────

部分集合の上に限って考える

　数直線の上で実数値関数を考える場合，数直線上全体で定義された関数よりは，むしろある範囲のところだけで定義されている関数を考えることの方が多い. たとえば，区間 $(-1, 1)$ で関数 $y = \tan \dfrac{\pi}{2} x$ を考えるとか，東京から大阪まで新幹線が到着するまでの間の (たとえば 15 時から 17 時 56 分までの間の)，運行グラフを考えるとかいうようなことである.

　同様に，平面の上で考えるときにも，平面全体の上で定義された関数や写像を考えるよりは，むしろ日常的な例では，ある部分集合 M 上に限って定義された関数や写像を考えるときの方が多い. たとえば，薄い円板に盛られた水が，小さな穴から溢れ出したとき，単位時間後にどこまで水が広がったかを考えるのは，円板から平面の中への写像を考えることになる.

　このような部分集合 M 上だけで定義された関数や写像を考える場合，M の外にある世界のことは忘れて，M の中だけで，近さとか，近づくということを考えなくてはならない.

部分集合における近傍の概念

数直線上の部分集合でも，平面上の部分集合でも同じことであるが，ここでは，平面上の部分集合 M を 1 つとって考察しよう．いま，M の外にある平面上の点は一切忘れて，M だけに注目しているという立場をとる．

そうしても，M の 2 点 P, Q の間の距離 $d(\mathrm{P}, \mathrm{Q})$ を考えることは，もちろんできる．したがって，M の点列 P_n $(n = 1, 2, \ldots)$ が，M の点 P に近づくことも，

$$d(\mathrm{P}_n, \mathrm{P}) \longrightarrow 0 \quad (n \to \infty)$$

と定義しておくとよい．

M の点 P に対して，M における P の ε-近傍 $V_\varepsilon{}^M(\mathrm{P})$ を

$$V_\varepsilon{}^M(\mathrm{P}) = \{\mathrm{Q} \mid \mathrm{Q} \in M,\ d(\mathrm{Q}, \mathrm{P}) < \varepsilon\}$$

で定義することは，自然なことだろう．$V_\varepsilon{}^M(\mathrm{P})$ は，P の (平面の中で考えた) ε-近傍 $V_\varepsilon(\mathrm{P})$ の中で，M に入っている部分だけを取り出したものになっている．すなわち

$$V_\varepsilon{}^M(\mathrm{P}) = V_\varepsilon(\mathrm{P}) \cap M$$

である．

図 44 の場合，P_1 では，ε をどんなに小さくとっても $V_\varepsilon(\mathrm{P})$ の点で M に含まれないものがある．すなわちこのとき $V_\varepsilon{}^M(\mathrm{P}) \subsetneq V_\varepsilon(\mathrm{P})$ である．P_2 では，ε を十分小さくとれば，$V_\varepsilon{}^M(\mathrm{P}) =$

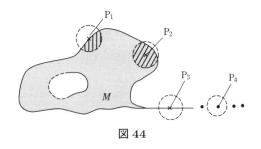

図 44

$V_\varepsilon(\mathrm{P})$ となる．P_3 では，ε を十分小さくとると，$V_\varepsilon{}^M(\mathrm{P})$ は，直線上の P を中心とする開区間となる．P_4 では，ε を十分小さくとると，$V_\varepsilon{}^M(\mathrm{P})$ は P1 点だけからなってしまう．

M における開集合，閉集合

第 3 講で開集合と閉集合の概念を導入したのと同じようにして，M における開集合と閉集合の概念を導入することができる．

M における開集合 $\tilde{O}$ とは,任意の点 $\mathrm{P} \in \tilde{O}$ に対して,十分小さい正数 ε をとると
$$V_\varepsilon{}^M(\mathrm{P}) \subset \tilde{O}$$
が成り立つような集合である.

M における閉集合 $\tilde{F}$ とは,$\tilde{F}$ の点列 $\mathrm{P}_n\ (n=1,2,\ldots)$ が $n \to \infty$ のとき,M の点 P に近づくならば,$\mathrm{P} \in \tilde{F}$ が成り立つような集合である.

この定義でみる限り,今までの開集合,閉集合の概念と実質的にそう違わないようであるが,たとえば図 44 でみると,1 点 P_4 は,M における開集合でもあり,同時にまた閉集合にもなっていることを注意しておこう.

もう 1 つ典型的な例を図 45 で示しておこう.ここで $\tilde{O}$ は M の開集合であり,$\tilde{F}$ は M の閉集合になっている.

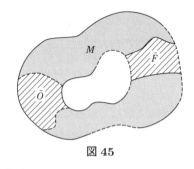

図 45

連結な集合

このような開集合,閉集合に対するもっと典型的な例とも考えられるのは,図 46 のように,M が 2 つの離れ小島 X と Y からなっているときである.このとき,上の定義をみてみると,X も Y も,ともに M の開集合でもあり,同時に閉集合にもなっていることがわかる.

M がいくつかの離れ小島からなっているようなときには,このそれぞれの島が,

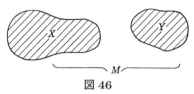

図 46

M の開集合でもあり,また閉集合になっている.したがってまたこの場合,いくつかの有限個の島を併せたもの (たとえば X_1 と X_2 の島を併せた $X_1 \cup X_2$) も,M における開集合であり,同時に閉集合となっている.

このような状況がおきていない集合——いわば,1 つの島からなる集合——を,連結な集合ということにする.すなわち

【定義】 平面 (または直線) の部分集合 M が，2つの空でない，M における開集合 X, Y によって，次の ($\sharp$) のように表わされないとき，M を連結な集合であるという：

$$(\sharp) \quad M = X \cup Y, \quad X \text{ と } Y \text{ は共通点なし}$$

もし ($\sharp$) のように表わされていれば，Y は，M における開集合 X の補集合として閉集合であり，同様に，X は M における閉集合となっている．したがって上の定義で，開集合を閉集合といいかえても同じことになる．

したがって，連結な集合とは，その言葉通り，離れ離れになっていなくて，1つにつながって連結している集合であると考えていて，大体さしつかえない．

数直線上の連結な集合

少なくとも 2 点を含む数直線上の連結な集合は，次の形のものに限る：

$$(-\infty, a), \quad (-\infty, a], \quad (-\infty, +\infty)$$
$$(a, b), \qquad [a, b), \qquad [a, b]$$
$$[b, +\infty), \quad (b, +\infty)$$

ただし $a < b$.

ここで $-\infty, +\infty$ を用いる記法は，たとえば $(-\infty, a) = \{x \mid x < a\}$, $(-\infty, +\infty) = \boldsymbol{R}$ (数直線！), $[b, +\infty) = \{x \mid b \leqq x\}$ のように使っている．

このことを示すには，第 4 講で述べた実数の連続性を用いる．

まず，上に書いてある 8 つの集合が，いずれも連結であることを示そう．どれをとっても同じだから，$[a, b]$ が連結のことを示す．

$[a, b]$ が連結でないとする．そのとき $[a, b]$ は空でない $[a, b]$ の開集合 $\tilde{O}_1, \tilde{O}_2$ によって

$$[a, b] = \tilde{O}_1 \cup \tilde{O}_2 \quad (\tilde{O}_1 \cap \tilde{O}_2 = \phi)$$

と分割される．$a \in \tilde{O}_1$ とし，

$$\sup\{x \mid [a, x] \subset \tilde{O}_1\} = x_0$$

とおく．

$\tilde{O}_1$ は開集合だから，$a < x_0 < b$ で，$x_0 \notin \tilde{O}_1$ である．実際このことは，十分

68　第9講　部分集合における近さと連結集合

小さい正数 ε をとると, $(a-\varepsilon, a+\varepsilon) \cap [a,b] \subset \tilde{O}_1$ となっていることと, 上端の定義を思い出してみるとわかる. したがって $x_0 \in \tilde{O}_2$ である.

次に

$$\inf\{y \mid y \in \tilde{O}_2\} = y_0$$

とおく. 明らかに $x_0 \leqq y_0$ である. 実は $x_0 = y_0$ であることを示そう. 正数 δ をどんなに小さくとっても, x_0 の定義から, $(x_0, x_0 + \delta)$ の中には $\tilde{O}_1$ に含まれない点, すなわち, $\tilde{O}_2$ に含まれる点が存在する. したがって $y_0 \leqq x_0 + \delta$. δ はいくらでも小さくとれるから, $y_0 \leqq x_0$. これで, $x_0 = y_0$ がいえた. 特に $y_0 \in \tilde{O}_2$.

$\tilde{O}_2$ は開集合だから, 十分小さい正数 ε をとると, $(y_0-\varepsilon, y_0+\varepsilon) \cap [a,b] \subset \tilde{O}_2$ である. $x_0 = y_0$ だから, これは $(x_0-\varepsilon, x_0+\varepsilon) \cap [a,b] \subset \tilde{O}_2$ と書いても同じことである. したがって $(x_0-\varepsilon, x_0)$ は, $\tilde{O}_1$ に属する点を含まない. これは x_0 のとり方に矛盾する.

これで $[a,b]$ が連結であることが示された.

今度は, 数直線上の少なくとも2点を含む連結な集合 M は, 上の8つの集合のいずれかとなっていることを示そう. M を有界と仮定しよう (有界でない場合も同様にできる).

$$a = \inf M, \quad b = \sup M$$

とする. $a \in M, b \in M$; $a \in M, b \notin M$; $a \notin M, b \in M$; $a \notin M, b \notin M$ と4つの場合があるが, どの場合も同様だから, $a \in M, b \in M$ の場合を考えることにする.

このとき, $M = [a,b]$ である. もし $a < c < b$ で $c \notin M$ の点があったとすると

$$\tilde{O}_1 = [a,c) \cap M, \quad \tilde{O}_2 = (c,b] \cap M$$

とおくと, $\tilde{O}_1, \tilde{O}_2$ は, 共通点のない M の開集合で,

$$M = \tilde{O}_1 \cup \tilde{O}_2$$

となる. これは M の連結性に矛盾する. したがって, $a < c < b$ をみたす c は, すべて M に属している. このことは, $M = [a,b]$ を示している. ∎

連続写像と連結性

M, N を平面 (または直線) の部分集合とし, φ を M から N への写像とする. φ が

M から N への連続写像であることは，前と同じように，M の点列 P_n $(n = 1, 2, \ldots)$ が，$n \to \infty$ のとき $\mathrm{P}(\in M)$ に近づくならば $\varphi(\mathrm{P}_n) \to \varphi(\mathrm{P})$ が成り立つ，ということで定義する．

このとき，これも前講と全く同様の証明で，次の結果が成り立つことを示すことができる．

> φ が M から N への連続写像となるための必要かつ十分な条件は，任意の N における開集合 $\tilde{O}$ に対して，$\varphi^{-1}(\tilde{O})$ が M における開集合となることである．

これからすぐに次の定理が導かれる．

【定理】 M を連結な集合とし，φ を M から平面，または数直線への連続写像とする．このとき M の像 $\varphi(M)$ は連結な集合となる．

【証明】 $N = \varphi(M)$ とおく．N が連結であることを示すとよい．N が連結でないと仮定して，矛盾を導こう．この仮定から N の空でない 2 つの開集合 $\tilde{O}_1, \tilde{O}_2$ が存在して，

$$N = \tilde{O}_1 \cup \tilde{O}_2 \quad (\tilde{O}_1 \cap \tilde{O}_2 = \phi)$$

となる．したがって φ による逆像を考えると

$$M = \varphi^{-1}(N) = \varphi^{-1}(\tilde{O}_1 \cup \tilde{O}_2)$$
$$= \varphi^{-1}(\tilde{O}_1) \cup \varphi^{-1}(\tilde{O}_2)$$

となる．$\varphi^{-1}(\tilde{O}_1), \varphi^{-1}(\tilde{O}_2)$ は，M の開集合であって，$N = \varphi(M)$ から，空集合でない．また

$$\varphi^{-1}(\tilde{O}_1) \cap \varphi^{-1}(\tilde{O}_2) = \varphi^{-1}(\tilde{O}_1 \cap \tilde{O}_2)$$
$$= \varphi^{-1}(\phi) = \phi$$

このことから，M が連結でないことになり，矛盾が導かれた．したがって N は連結である． ∎

問 1 M と N が連結な集合で，$M \cap N \neq \phi$ ならば，$M \cup N$ はまた連結な集合

問 2 M を平面の部分集合とし，M の任意の 2 点 P, Q に対して，$[0,1]$ から M への連続写像 φ で
$$\varphi(0) = \mathrm{P}, \quad \varphi(1) = \mathrm{Q}$$
をみたすものが存在するとする．このとき M は連結な集合であることを示せ．

Tea Time

 中間値の定理について

中間値の定理は，解析学の基本定理としてよく知られている．それは，ふつう次のようにいい表わされる．

「閉区間 $[a,b]$ 上で定義された実数値連続関数を $y = f(x)$ とする．c を $f(a)$ と $f(b)$ の間にある任意の実数とする．このとき必ずある x_0 が a と b の間にあって，$f(x_0) = c$ となる．」

この定理は，実は，この講で示した連結集合の連続像は連結であるという定理の1つの応用であることをみておこう．閉区間 $[a,b]$ は連結であり，f は $[a,b]$ から $\mathbf{R}$ への連続写像だから，$[a,b]$ の f による像 $f([a,b])$ は連結である．したがって，数直線上の連結集合として，$f([a,b])$ は1つの区間となっている．この区間は $f(a)$, $f(b)$ を

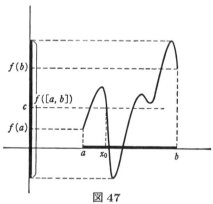

図 47

含んでいるのだから，$f(a)$ と $f(b)$ の間の値もすべて含んでいなくてはならない．このことから，$f(a)$ と $f(b)$ の間にある c をとると，$f(x_0) = c$ となる x_0 が，a と b の間に少なくとも1つはあることがわかる．

第 **10** 講

距 離 空 間 へ

── テーマ ──

◆ 空間の 2 点 P (a_1, a_2, a_3), Q (b_1, b_2, b_3) 間の距離

◆ 距離があれば，収束，開集合，閉集合等の概念は導入されるのではないか．

◆ 一般的な観点へ向けて

◆ 集合への距離の導入──距離空間

◆ 距離の性質，特に，収束と三角不等式

空間の距離

今までは，数直線や平面の部分集合に限って話を進めてきたが，そろそろ一般的な設定へ入る準備をはじめたい．

まず誰でも考えることは，3 次元の空間でも，今までと同様のことができるのだろうかということである．空間に直交座標系を 1 つ導入しておくと，任意の点 P は座標によって

$$P = (a_1, a_2, a_3)$$

と表わされる (図 48)．

2 点 P $= (a_1, a_2, a_3)$ と Q $= (b_1, b_2, b_3)$ の距離 $d(P, Q)$ を

$$d(P, Q) = \sqrt{(b_1 - a_1)^2 + (b_2 - a_2)^2 + (b_3 - a_3)^2}$$

で定義する．式の形は面倒な形をしているが，私たちが空間にある 2 点を，ふつうのように，物差しを使ったり糸を張って測る長さは，この式で与えられている長さである．

このことはピタゴラスの定理からわかる．P, Q を xy 平面上に正射影して得られる点を P′, Q′ とする．図 49 で示してあるような，xy 平面上にある P′Q′ を斜辺とする直角

第 10 講 距離空間へ

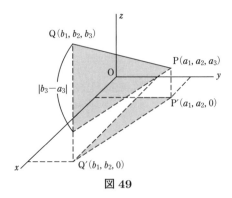

図 49

三角形にピタゴラスの定理を適用すると
$$\overline{P'Q'}^2 = (b_1 - a_1)^2 + (b_2 - a_2)^2$$
次に，PQ を斜辺とする直角三角形にピタゴラスの定理をもう一度使うと
$$\overline{PQ}^2 = \overline{P'Q'}^2 + (b_3 - a_3)^2$$
$$= (b_1 - a_1)^2 + (b_2 - a_2)^2 + (b_3 - a_3)^2$$
となって，$d(P, Q)$ が上式の形で与えられていることがわかる．

　この空間の 2 点間の距離 $d(P, Q)$ に対しても，第 1 講で数直線の場合に，第 2 講で平面の場合に与えた距離についての性質が，そのまま同じ形で成り立っている．すなわち

(i)　$d(P, Q) \geqq 0$; 等号が成り立つのは，$P = Q$ のときに限る．

(ii)　$d(P, Q) = d(Q, P)$

(iii)　$d(P, Q) \leqq d(P, R) + d(R, Q)$

この距離を用いて，点列が近づく性質を考えることができ，また，各点 P に対して ε-近傍 $V_\varepsilon(P)$ を考えることもできる．そのことから，今までと全く同様の議論によって，開集合，閉集合，集積点などの概念を導入できるし，またコンパクト性や，連結性，また連続写像に関する性質も，すべて同様の形で述べていくことができる．

一般的な観点へ向けて

　このように，数直線や平面で成り立ったことが，空間でも成り立つことについて，読者は，多分，ひとつひとつのことを確かめるまでもなく，それは当然のことだと思われるだろう．当然のことだと思う根拠は，今まで述べてきたことは，距

離から導かれる性質と，コンパクト性のときに用いた実数の連続性しか，本質的には使っていないのだから，そこで成り立ったことは当然，空間のときにも継承されていくに違いないと考えているからであろう．そして，そう思うことは，確かに正しいことなのである．

しかし，よく考えてみると，このことは，私たちの中に，いつのまにか，背景となっている場が，直線であるか，平面であるか，空間であるかということが少し薄れてきて，距離という概念がむしろ前面に登場してきたことを意味するものではなかろうか．

これからは，その考えを育てるために，距離という概念を中心においた，一般的な数学の場の設定を試みてみたい．

集合の上に与えられた距離

このとき，最初に問題となるのは，距離だけではなくて，実数の連続性にも十分注目しながら，一般的な設定を目指すのかどうかということである．なぜかというと，第1講で述べたように，'長さ'の概念は，私たちの時空の認識の中から生まれてきたものであり，時空の連続性は，数学の中では実数の連続性によって表現されているからである．

この観点をどのように考えるかということについては，実際は難しい問題であるし，将来，今とは全く別の立場から見直され，論ぜられるような時がくるのかもしれない．

しかし，20世紀になって数学が，抽象数学という理念を基盤としながら採用した立場は，背景となる場からは，ひとまず実数の連続性を切り離す．しかし2点間の長さは，実数によって与えるという立場であった．もう少し正確にいうと，背景となる場としては，単に集合 X をとり，この集合の任意の2元 x, y に対しては，実数による距離 $d(x, y)$ $(\geqq 0)$ が与えられている状況を，一般的な状況として設定したのである．

集合概念にしたがえば，集合 X というときには，ただ単にそこに'もの'（集合の元！）が存在するだけであって，それ以外には何の属性も与えられていない．そこに新しく，2つの'もの'の間の長さ $d(x, y)$ という概念を導入してみよう．

74　　第 10 講　距離空間へ

この長さによって，集合 X には，'近さ'の概念が誕生してくる．この'近さ'によって，X にはどのような性質が賦与されたのだろうか．

このように，背景となる場から実数の連続性をひとまず切り離してしまったことに関しては，前講までの話との関連で述べれば，次のようなことはいえるだろう．

平面全体で考えるとき，平面は確かに連続性というべきものをもっているが，近さの性質は，実際は，平面に含まれている部分集合のさまざまな性質となって反映してくる．写像の連続性も，開集合を用いて述べられるようになった．このように，部分集合の方にしだいに考察の中心が移ってくると，離れ離れになった部分集合や，有理点の集合のように，稠密であるが隙間だらけのような部分集合も，'近さ'の観点から調べる必要が生じてくる．ところが，このような集合は，平面全体がもっているような連続性の性質をもってはいない．

したがって，'近さ'の性質を調べる対象として，このようなさまざまな部分集合も数学の研究対象として取りいれようとすると，実数の連続性という視点を背景の場の中に保持していこうとする立場は，しだいに遠のいてくるのである．

距 離 空 間

このようなことを前提とした上で，距離空間という概念を導入しよう．

【定義】　集合 X の任意の 2 元 x, y に対して，実数 $d(x, y)$ が与えられて，次の性質をみたすとき，X を距離空間といい，$d(x, y)$ を x と y の距離という．

(i)　$d(x, y) \geqq 0$; 等号が成り立つのは $x = y$ のときに限る．

(ii)　$d(x, y) = d(y, x)$

(iii)　$d(x, y) \leqq d(x, z) + d(z, y)$

距離空間は，集合 X と距離 d で与えられているから，引用するときには'距離空間 (X, d)'と書くのが適当である．しかし単に，距離空間 X と書くことが多い．距離空間 X の元を，ふつう点という．したがって $d(x, y)$ は，2 点 x, y の距離ということになる．

さて，距離の性質として定義の中に述べてある (i), (ii), (iii) をみてみよう．

(i) は，相異なる 2 点は，必ず離れていて，その間の距離は正であるということをいっている．

(ii) は，x から y を測った距離も，y から x を測った距離も同じであることをいっている．

(i)，(ii) が比較的自然にみえるのに比べて，(iii) は少し変っている．平面の場合には，(iii) の性質は，三角形の 1 辺は，他の 2 辺の和より小さいということを述べていた．そのことから，(iii) は，三角不等式とよばれる．しかし，考えてみると，抽象的な集合 X に，新しく距離を定義するときに，何もわざわざ三角形の性質をもち出さなくてもよいように思われる．(iii) は，実は，三角形の性質を，距離空間に導入するために用意したものではなくて，点列の収束を調べるとき，必要となる不等式である．

収束と三角不等式

それを説明するために，まず点列の収束の定義を与えておこう．

【定義】 距離空間 X の点列 $x_1, x_2, \ldots, x_n, \ldots$ に対し，1 点 x が存在して

$$n \to \infty \quad \text{のとき} \quad d(x_n, x) \to 0$$

が成り立つとき，点列 $\{x_n\}$ は，x に収束するという．

点列 $\{x_n\}$ が x に収束することを，記号で $x_n \to x\,(n \to \infty)$，または $\lim\limits_{n \to \infty} x_n = x$ のように表わす．

この定義が，私たちの'近づく'という感じに対して，ごく自然な，なじみやすいものになっていることを保証するのが，三角不等式 (iii) である．

$$n \to \infty \text{ のとき, } x_n \to x, \, x_n \to y \text{ ならば, } x = y \text{ である．}$$

実際，(iii) によって

$$d(x, y) \leqq d(x, x_n) + d(x_n, y)$$
$$= d(x_n, x) + d(x_n, y) \quad (\text{(ii) による})$$

収束の定義から，この右辺は，n を大きくとると，いくらでも 0 に近くなる．したがって $d(x, y) = 0$ となる．(i) により，$x = y$ が導かれる．

> $n \to \infty$ のとき, $x_n \to x$ ならば, $m, n \to \infty$ のとき
> $$d(x_m, x_n) \longrightarrow 0$$

すなわち, 収束する点列 $\{x_n\}$ は, n が大きくなるにつれ, 相互にしだいに密集し合うようになってくる. これもまた (iii) を用いて

$$\begin{aligned} d(x_m, x_n) &\leqq d(x_m, x) + d(x, x_n) \\ &= d(x_m, x) + d(x_n, x) \quad \text{((ii) による)} \\ &\longrightarrow 0 \quad (m, n \to \infty) \end{aligned}$$

から導かれる.

Tea Time

質問 距離空間というのは, いつ頃から考えられたものなのですか.

答 距離空間が考えられたのは, 20 世紀になってからである. もっとも 19 世紀の終り頃から, このような考えの萌芽はあったのかもしれない. しかし, 微積分の誕生が 17 世紀後半であり, ガウス, アーベル, ガロアなどが活躍した時代は 19 世紀前半だから, それに比べれば距離空間の出現はずっと新しいことであるといってよいだろう. 距離空間がここで述べたような形で定義できるためには, 数学の中に集合という考えが定着する必要があった. 今では, 集合の考えは, 高等学校の数学の中でも教えるが, 数という概念をひとまず切り離して, 集合の上に数学を築くことも可能であるという考えは, 20 世紀初頭では, まだ革新的な考えであった. この革新的な考えは, やがて抽象数学の疾風を巻きおこし, その中から, 距離空間が生まれてきたのである.

第 **11** 講

距離空間の例

―― テーマ ――

◆ ε-近傍と収束
◆ 直線，平面から $\boldsymbol{R}^n$ へ
◆ n 次元ユークリッド空間
◆ ユークリッド距離以外の距離の例
◆ いろいろな距離と近づくという性質

ε-近　傍

距離空間の例を与える前に，まず ε-近傍の定義を与えておこう．距離空間 (X, d) が与えられたとき，任意の点 $x \in X$ と，任意の正数 ε に対して

$$V_\varepsilon(x) = \{y \mid d(x, y) < \varepsilon\}$$

とおき，$V_\varepsilon(x)$ を，点 x の $\underline{\varepsilon\text{-近傍}}$ という．

記号の使い方について，コメントしておく．数直線上や，座標平面上の点は，ふつうは P, Q, ... のように表わす習慣があるようなので，前講までは，直線，平面，空間に関する議論では，この慣習に従ったのである．しかし，抽象的な集合の立場へと移ると，今度は，集合の元の，ふつうの書き表わし方に従った方がよい．そこで，距離空間 X の点 x, y などの書き方を採用することになる．

前講の点列の収束の定義と，この ε-近傍の定義から，第 2 講の終りに述べたのと同じことが，やはり成り立つことになる．

距離空間 (X, d) において

$$x_n \to x \quad (n \to \infty)$$

$\Longleftrightarrow$ どんな正数 ε をとっても，ある番号 k で

$$n > k \Longrightarrow d(x_n, x) < \varepsilon$$

をみたすものがある．

78　第 11 講　距離空間の例

$\Longleftrightarrow$ どんな正数 ε をとっても，ある番号 k で
$$n > k \Longrightarrow x_n \in V_\varepsilon(x)$$
をみたすものがある．

n 次元ユークリッド空間 R^n

　数直線，平面，空間には，すでに距離を導入してきた．これらは，それぞれ 1 次元，2 次元，3 次元のユークリッド空間とよばれるものである．私たちの知覚できる世界は，もちろん 3 次元までである．しかし，1 次元の直線上の点が，数直線を通して，実数として表わされ，2 次元平面の点が，座標を通して (x_1, x_2) と 2 つの実数の組で表わされ，3 次元空間の点が，同様に座標を通して (x_1, x_2, x_3) と 3 つの実数の組で表わされていることに注目しよう．また，たとえば空間の 2 点 P(x_1, x_2, x_3) と Q(y_1, y_2, y_3) が近いということは，それぞれの座標が近い——y_1 は x_1 に近い，y_2 は x_2 に近い，y_3 は x_3 に近い——と表わされることにも注目しよう．

　さて，話をかえて，あるスーパーで取り扱っている品物の種類が 1500 であったとする．これらの品物が，毎日毎日どの程度売れたかを調べるには，品物に 1 から 1500 までの通し番号をつけ，それぞれの売上高を $x_1, x_2, x_3, \ldots, x_{1500}$ として，その全体

$$(x_1, x_2, x_3, \ldots, x_{1500})$$

を考察することになるだろう．

　このような考察を支える数学の一般的な設定としては，実数を 1500 個並べた

$$x = (x_1, x_2, x_3, \ldots, x_{1500})$$

の全体 R^{1500} を考えることになる．

　ある日の売上高 $x = (x_1, x_2, \ldots, x_{1500})$ と，1 か月後の売上高 $y = (y_1, y_2, \ldots, y_{1500})$ を比べたとき，1 番目の品物 x_1 と y_1 の売上高にはあまり差はないが，2 番目の品物は売行きがよくて，y_2 は x_2 に比べて，ずっと大きくなったというようなことがおきる．これは，'2 点 x と y' の距離の遠近を座標を通し

て調べているのだという見方をとると，$\boldsymbol{R}^{1500}$ に距離を導入することも，さほど不自然ではなくなってくる．

ここで再び一般的な立場に戻って，任意の自然数 n に対して，n 個の実数の組

$$(x_1, x_2, x_3, \ldots, x_n)$$

を考えることにする．この n 個の実数の組全体のつくる集合を $\boldsymbol{R}^n$ で表わし，$\boldsymbol{R}^n$ の 2 点

$$x = (x_1, x_2, \ldots, x_n)$$
$$y = (y_1, y_2, \ldots, y_n)$$

に対し

$$d(x, y) = \sqrt{(x_1 - y_1)^2 + (x_2 - y_2)^2 + \cdots + (x_n - y_n)^2} \tag{1}$$

とおく．

$d(x, y)$ は，すぐあとで示すように，距離の性質 (i), (ii), (iii) をみたしている．

【定義】 $\boldsymbol{R}^n$ に，距離 (1) を導入したものを，n 次元ユークリッド空間という．

$n = 1, 2, 3$ のときは，それぞれ，前に述べた数直線，平面，空間の場合となっている．距離 (1) を，ユークリッド距離ということがある．

距離となること

(1) が，距離の性質をみたしていることをみよう．まず $d(x, y) \geqq 0$ で，等号が成り立つのは $x = y$ であることは明らかであろう．実際，$d(x, y) = 0$ となるのは $x_1 = y_1, x_2 = y_2, \ldots, x_n = y_n$ のときに限る．また，距離の性質 (ii)：$d(x, y) = d(y, x)$ も明らかに成り立っている．

明らかでないのは，三角不等式が成り立つかどうかということである．証明すべき式は

$$d(x, y) \leqq d(x, z) + d(z, y)$$

すなわち

$$\begin{aligned}
&\sqrt{(x_1 - y_1)^2 + (x_2 - y_2)^2 + \cdots + (x_n - y_n)^2} \\
&\leqq \sqrt{(x_1 - z_1)^2 + (x_2 - z_2)^2 + \cdots + (x_n - z_n)^2} \\
&\quad + \sqrt{(z_1 - y_1)^2 + (z_2 - y_2)^2 + \cdots + (z_n - y_n)^2}
\end{aligned} \tag{2}$$

80 第 11 講 距離空間の例

である；ここで $z = (z_1, z_2, \ldots, z_n)$.

$$X_i = x_i - z_i, \quad Y_i = z_i - y_i \quad (i = 1, 2, \ldots, n)$$

とおくと，$X_i + Y_i = x_i - y_i$ だから，証明すべき不等式 (2) は

$$\sqrt{(X_1 + Y_1)^2 + (X_2 + Y_2)^2 + \cdots + (X_n + Y_n)^2}$$
$$\leqq \sqrt{X_1{}^2 + X_2{}^2 + \cdots + X_n{}^2} + \sqrt{Y_1{}^2 + Y_2{}^2 + \cdots + Y_n{}^2}$$

となる．両辺は負でないから，2 乗して

$$(X_1 + Y_1)^2 + (X_2 + Y_2)^2 + \cdots + (X_n + Y_n)^2$$
$$\leqq (X_1{}^2 + X_2{}^2 + \cdots + X_n{}^2) + (Y_1{}^2 + Y_2{}^2 + \cdots + Y_n{}^2)$$
$$+ 2\sqrt{X_1{}^2 + \cdots + X_n{}^2}\sqrt{Y_1{}^2 + \cdots + Y_n{}^2}$$

が成り立つことを示すとよい．左辺を展開して整頓すると，結局

$$X_1 Y_1 + X_2 Y_2 + \cdots + X_n Y_n \leqq \sqrt{X_1{}^2 + \cdots + X_n{}^2}\sqrt{Y_1{}^2 + \cdots + Y_n{}^2} \quad (3)$$

を示せばよいことになった．

ところが，この不等式は，t についての 2 次式

$$(tX_1 + Y_1)^2 + (tX_2 + Y_2)^2 + \cdots + (tX_n + Y_n)^2 \quad (4)$$

が，負になることはなく，したがって，この判別式

$$\frac{D}{4} = (X_1 Y_1 + \cdots + X_n Y_n)^2 - (X_1{}^2 + \cdots + X_n{}^2)(Y_1{}^2 + \cdots + Y_n{}^2)$$
$$\leqq 0$$

となることから，成り立つのである．((4) で t^2 の係数が 0 となる場合，すなわち $X_1{}^2 + \cdots + X_n{}^2 = 0$ の場合には，判別式を用いる上の議論は適用できないが，このとき，$X_1 = X_2 = \cdots = X_n = 0$ となるから，(3) の成り立つことは明らかである．)

開　球

n 次元ユークリッド空間で，点 x の ε-近傍 $V_\varepsilon(x)$ を，点 x を中心とした半径 ε の開球であるという．特に，x が $0 = (0, 0, \ldots, 0)$ で，ε が 1 のとき，単位開球という．1 次元のときは，単位開球は開区間 $(-1, 1)$ であり，2 次元のときは，原点中心，半径 1 の円の内部である．

また

$$\overline{V_\varepsilon(x)} = \{y \mid d(x,y) \leqq \varepsilon\}$$

を，点 x を中心とした半径 ε の球という．

いろいろな距離

実数の n 個の組からなる集合には，ユークリッド距離以外にも，いろいろな距離を導入できることを注意しておこう．実際，2 点 $x = (x_1, x_2, \ldots, x_n)$, $\quad y = (y_1, y_2, \ldots, y_n)$ の距離として

$$d_1(x,y) = |x_1 - y_1| + |x_2 - y_2| + \cdots + |x_n - y_n|$$

とおいても，また p を 1 より大きい実数としたとき

$$d_p(x,y) = \{(x_1 - y_1)^p + (x_2 - y_2)^p + \cdots + (x_n - y_n)^p\}^{\frac{1}{p}}$$

とおいても，これらは，距離の性質 (i), (ii), (iii) をみたすことを示すことができる．(d_p については，(iii) の性質を確かめることは，あまり容易でない．)

したがって，距離空間 $(\boldsymbol{R}^n, d_1)$ や $(\boldsymbol{R}^n, d_p)$ を考えることができる．

$(\boldsymbol{R}^2, d_1)$ については，第 2 講の Tea Time で述べてある．$(\boldsymbol{R}^n, d_p)$ で $p = 2$ のときが，ユークリッド空間である．

また

$$d_\infty(x,y) = \underset{1 \leqq i \leqq n}{\mathrm{Max}} |x_i - y_i|$$

とおいても距離になる．ここで右辺の記号は $|x_1 - y_1|, |x_2 - y_2|, \ldots, |x_n - y_n|$ の中で一番大きい値をとったということである．

どの距離をとっても点列の収束性は変わらない

集合 $\boldsymbol{R}^n$ には，このようにいろいろな距離が入るが，これらのどの距離をとってみても，点列 $\{x_n\}$ が x に近づくという性質は変わらない．

たとえば，ユークリッド距離 d と比べてみると，$n \to \infty$ のとき

$$d(x_n, x) \to 0 \Longleftrightarrow d_1(x_n, x) \to 0$$
$$\Longleftrightarrow d_p(x_n, x) \to 0$$
$$\Longleftrightarrow d_\infty(x_n, x) \to 0$$

が成り立つのである．したがって，$x_n \to x \ (n \to \infty)$ は，どの距離をとって

調べてみてもかわらない．あるいは，'長さ'の測り方の違いはあるが，'近さ'の性質は変わっていないという方がわかりやすいかもしれない．

このことは，d, d_1, d_p, d_∞ の距離の間の関係を調べるとわかるのであるが，ここでは，$\mathbf{R}^2$ の場合に，原点の ε-近傍が，それぞれの距離でどのように図示されているかを示すことで説明してみよう．

図 50 で，1 番外側に書かれて

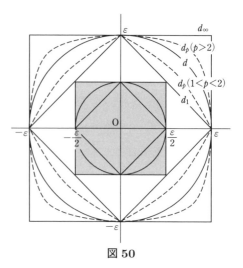

図 50

いる正方形の内部が，d_∞ に関する ε-近傍である．半径 ε の円の内部が d に関する ε-近傍であり，この中にある辺が斜めに走っている正方形の内部が d_1 に関する ε-近傍である．d_1 に関する ε-近傍が，破線で書かれた曲線に従って，しだいに大きくなって，外側の d_∞ に関する ε-近傍へ達する過程は，ちょうど d_p の ε-近傍を描いたとき，p が 1 からしだいに大きくなっていく過程に対応している．

点列 $\{x_n\}$ が，$n \to \infty$ のとき，距離 d_∞ に関し，原点 O に近づくということは，外枠の正方形——d_∞ の ε-近傍！——の 1 辺の長さを，どんなに (原点中心に) 縮小して小さな正方形にとり直しても，k さえ十分大きくとれば，k から先のすべての x_n は，この正方形の中に入ってしまうということである．このとき，図 50 から明らかなように，この点列は，d_1, d, d_p の ε-近傍を適当に縮小したものに対しても同じ性質をもたなくてはならない．すなわち，$d_1(x_n, \mathrm{O}) \to 0$，$d(x_n, \mathrm{O}) \to 0$，$d_p(x_n, \mathrm{O}) \to 0$ が成り立っている．このことは，どの距離をとってみても，$x_n \to \mathrm{O}$ という性質は変わらないことを示している．

問 d_1 と d_∞ が，距離の性質 (i)，(ii)，(iii) をみたしていることを確かめよ．

Tea Time

高次元になるとおきる1つの奇妙な現象

ふつう取り扱うような事柄については，R^2, R^3 で成り立つことは，一般の R^n でも成り立つ．そのことは，講義の中でのたとえでいえば，2個，3個の品物の売上げを調べることと，たとえば10個の品物の売上げを調べることも本質的な違いはないというごくふつうの感じから考えてみても，もっともらしい．

しかし，稀には，私たちの直観では理解し難いようなことが高次元の R^n ではおきている．これから述べるのはそのような例の一つであって，何年か前，ドイツの雑誌で見たものである．

図51では，1辺が2の正方形を原点中心に描いてある．この正方形の四隅に，できるだけ大きな等しい半径の円を詰める．この円の直径は1である．この4つの円の真中にできるだけ大きな円を詰める (図51で，カゲのつけてある円). 右上の正方形の対角線の長さが $\sqrt{2}$ のことに注意すると，この円の半径 r_2 は

$$r_2 = \frac{\sqrt{2}-1}{2}$$

で与えられることがわかる．

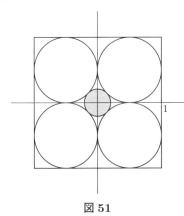

図51

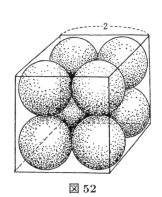

図52

今度は3次元で，座標原点を中心として，1辺の長さが2の立方体を考え，8つの隅に，できるだけ大きな球を詰めこむ．この直径は1である．次に原点のまわりにできている隙間に，できるだけ大きな球を，もう1つ詰める．この球の半径を r_3 とする．1辺の長さが1の立方体の対角線の長さは $\sqrt{1+1+1} = \sqrt{3}$ だ

84　第 11 講　距離空間の例

から，

$$r_3 = \frac{\sqrt{3}-1}{2}$$

であることがわかる.

　これ以上の次元になると，図示できないが，同じようなことを考えていくことはできるだろう.

　さて，$\boldsymbol{R}^{10}$——10 次元！——の所で考えてみよう. $\boldsymbol{R}^{10}$ で，座標原点を中心にして 1 辺の長さが 2 の立方体 I を考える：

$$I = \left\{(x_1, x_2, \ldots, x_{10}) \mid -1 \leqq x_i \leqq 1 \quad (i = 1, 2, \ldots, 10)\right\}$$

I に，まず，できるだけ大きな等しい半径をもつ ‘球’ を，各々の隅に詰める. この球の直径は 1 である. 次に，原点のまわりにできている隙間に，原点中心の，できるだけ大きな半径の ‘球’ を詰める. この球の半径を r_{10} とする. 前と同様の推論で

$$r_{10} = \frac{\sqrt{10}-1}{2}$$

となることがわかる. ところが $\sqrt{10} = 3.1622\cdots$ だから $r_{10} = 1.081\cdots$ となり，この球の半径は 1 を越えている. すなわち，内部にひそんでいたと思っていた球が，いつのまにか立方体の外へはみ出している!! これは 2 次元，3 次元のことを考えているだけでは，全く想像もつかない，奇妙な現象である.

第 **12** 講

距離空間の例 (つづき)

--- テーマ ---
◆ 無限次元空間 $\boldsymbol{R}^\infty$：距離と近傍の形
◆ 連続関数のつくる空間 $C[0,1]$
◆ 積分によって定義される距離
◆ 距離空間 $C[0,1]$ と $\tilde{C}[0,1]$

無限次元の空間 $\boldsymbol{R}^\infty$

実数の無限列

$$(x_1, x_2, \ldots, x_n, \ldots)$$

全体のつくる集合 $\boldsymbol{R}^\infty$ に，距離を定義しよう．

$x = (x_1, x_2, \ldots, x_n, \ldots)$ と $y = (y_1, y_2, \ldots, y_n, \ldots)$ に対して

$$d(x,y) = \sum_{n=1}^\infty \frac{1}{2^n} \frac{|x_n - y_n|}{1 + |x_n - y_n|}$$

とおく．

この右辺が収束して，1 つの実数を表わすことを示さなくてはならないが，それは

$$0 \leqq \frac{|x_n - y_n|}{1 + |x_n - y_n|} < 1$$

のことと，$\sum_{n=1}^\infty \frac{1}{2^n} = 1$ のことからわかる．

この $\boldsymbol{R}^\infty$ 上で定義された $d(x,y)$ が距離の性質 (i), (ii), (iii) をみたすことを示さなくてはならないが，それはここでは省略しよう．ただ，三角不等式 (iii) を示すときには，第 1 講，問 2 の不等式が用いられることだけ注意しておこう．$\boldsymbol{R}^\infty$ と書くときには，ふつうこの距離を入れた距離空間を示している．

点 $x = (x_1, x_2, \ldots, x_n, \ldots)$ の ε-近傍 $V_\varepsilon(x)$ がどのような形になるかは，具体的に述べるわけにはいかないが，次のことはわかる．まず k を十分大きくとって

86 第 12 講 距離空間の例 (つづき)

$$\sum_{n=k+1}^{\infty} \frac{1}{2^n} < \frac{\varepsilon}{2}$$

とする. このとき集合

$$\left\{ (y_1, y_2, \ldots, y_n, \ldots) \,\middle|\, |x_1 - y_1| < \frac{\varepsilon}{2}, \ |x_2 - y_2| < \frac{\varepsilon}{2}, \right.$$
$$\left. \ldots, |x_k - y_k| < \frac{\varepsilon}{2}; \ y_{k+1}, \ldots, y_{k+l}, \ldots \text{ は任意} \right\} \quad (1)$$

は, $V_\varepsilon(x)$ に含まれている. 実際, (1) に含まれている $y = (y_1, y_2, \ldots, y_n, \ldots)$ を任意にとると

$$\begin{aligned}
d(x, y) &= \sum_{n=1}^{\infty} \frac{1}{2^n} \frac{|x_n - y_n|}{1 + |x_n - y_n|} \\
&= \sum_{n=1}^{k} \frac{1}{2^n} \frac{|x_n - y_n|}{1 + |x_n - y_n|} + \sum_{n=k+1}^{\infty} \frac{1}{2^n} \frac{|x_n - y_n|}{1 + |x_n - y_n|} \\
&< \sum_{n=1}^{k} \frac{1}{2^n} |x_n - y_n| + \sum_{n=k+1}^{\infty} \frac{1}{2^n} \\
&< \frac{\varepsilon}{2} \sum_{n=1}^{k} \frac{1}{2^n} + \frac{\varepsilon}{2} < \frac{\varepsilon}{2} + \frac{\varepsilon}{2} = \varepsilon
\end{aligned}$$

となる.

　正数 ε をどんなに小さくとっても, ある番号 k から先の $y_{k+1}, \ldots, y_{k+l}, \ldots$ は, $V_\varepsilon(x)$ の中で任意の値をとるように動けるということが, 注意を要する点である.

連続関数のつくる空間 $C[0, 1]$

　数直線上の閉区間 $[0, 1]$ 上で定義された連続関数全体のつくる集合に, 距離 $d(f, g)$ を

$$d(f, g) = \underset{0 \leqq t \leqq 1}{\text{Max}} |f(t) - g(t)|$$

によって導入して得られる距離空間を $C[0, 1]$ によって表わす.

　ここで, $f(t), g(t)$ は $[0, 1]$ 上で定義されている連続関数で, したがって $|f(t) - g(t)|$ も連続関数となる. 区間 $[0, 1]$ はコンパクト集合だから, 第 7 講の Tea Time により, $|f(t) - g(t)|$ は, 区間 $[0, 1]$ で最大値をとる. この値を f と g の距離として定義したのである.

　$d(f, g)$ が距離の性質 (i), (ii) をみたすことは容易に確かめられるから

(iii)　$d(f,g) \leqq d(f,h) + d(h,g)$

が成り立つことだけを示しておこう．$|f(t) - g(t)|$ が最大値をとる点を t_0 とすると，

$$\text{Max}_{0 \leqq t \leqq 1} |f(t) - g(t)| = |f(t_0) - g(t_0)|$$

したがって

$$
\begin{aligned}
d(f,g) &= |f(t_0) - g(t_0)| \\
&\leqq |f(t_0) - h(t_0)| + |h(t_0) - g(t_0)| \\
&\leqq \text{Max}_{0 \leqq t \leqq 1} |f(t) - h(t)| + \text{Max}_{0 \leqq t \leqq 1} |h(t) - g(t)| \\
&= d(f,h) + d(h,g)
\end{aligned}
$$

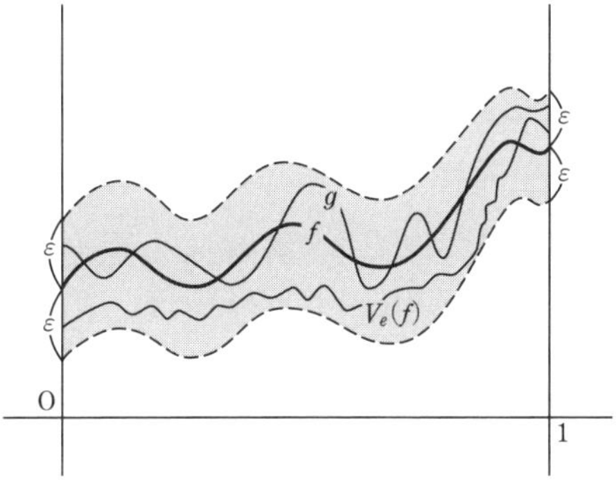

図 53

f の ε-近傍 $V_\varepsilon(f)$ は，$0 \leqq t \leqq 1$ に対して

$$|f(t) - g(t)| < \varepsilon$$

が成り立つ関数 g 全体からなる．このような関数は図 53 で，f のグラフの上下 ε 以内の範囲にグラフが描けるような関数からなっている．

積分によって定義される距離

閉区間 $[0,1]$ 上で定義された連続関数の集合には，積分を用いて，上に与えたものとは全く異なる距離を定義することができる．すなわち，今度は 2 つの連続関数 f と g の距離として

$$d_1(f,g) = \int_0^1 |f(t) - g(t)| dt$$

88   第 12 講　距離空間の例 (つづき)

とおく.

d_1 は距離の性質 (i), (ii), (iii) をみたしている.

(i)　$d_1(f,g) \geqq 0$ は明らかである. いま $d_1(f,g) = 0$ が成り立つとする. この
とき $f = g$ となることを示したい. もし $f \neq g$ とすると, ある $t_0(\in [0,1])$ が存
在して $|f(t_0) - g(t_0)| > 0$ となる. $|f(t_0) - g(t_0)| = m$ とおく. $|f(t) - g(t)|$ は
連続関数だから, 正数 ε を十分小さくとると $(t_0 - \varepsilon, t_0 + \varepsilon)$ で $|f(t) - g(t)| > \dfrac{m}{2}$
となる. したがって

$$d_1(f,g) = \int_0^1 |f(t) - g(t)| dt$$
$$\geqq \int_{t_0 - \varepsilon}^{t_0 + \varepsilon} |f(t) - g(t)| dt \geqq m\varepsilon > 0$$

これは仮定と反する. したがって $d_1(f,g) = 0$ ならば, $f = g$ である. (上の証明
で, 暗に $(t_0 - \varepsilon, t_0 + \varepsilon) \subset [0,1]$ を仮定していた. そうでないときには, 証明を
少し補正する必要がある.)

(ii)　$d_1(f,g) = d_1(g,f)$ は, 明らかである.

(iii)　$d_1(f,g) \leqq d_1(f,h) + d_1(h,g)$ は次のようにして示される :
$$d_1(f,g) = \int_0^1 |f(t) - g(t)| dt = \int_0^1 |\{f(t) - h(t) + h(t) - g(t)\}| dt$$
$$\leqq \int_0^1 \{|f(t) - h(t)| + |h(t) - g(t)|\} dt$$
$$\leqq \int_0^1 |f(t) - h(t)| dt + \int_0^1 |h(t) - g(t)| dt$$
$$= d_1(f,h) + d_1(h,g)$$

閉区間 $[0,1]$ 上で定義された連続関数全体の集合に, この距離 d_1 を導入して得
られる距離空間を $\tilde{C}[0,1]$ と表わそう. $C[0,1]$ と $\tilde{C}[0,1]$ とでは, その近さの性質
が全く異なっている. それをみるために, 任意の f に対して, $\tilde{C}[0,1]$ の中での ε-
近傍 $\tilde{V}_\varepsilon(f) = \{g \mid d_1(f,g) < \varepsilon\}$ がどんなものかを考えてみよう.

$g \in \tilde{V}_\varepsilon(f)$ ということは

$$\int_0^1 |f(t) - g(t)| dt < \varepsilon$$

ということであり, このことは, $|f(t) - g(t)|$ のグラフの面積が ε 以下というこ
とである. 図 54 で, このことは, 縦線部分の面積が ε 以下であることを示してい

る．したがって，図54で h のような関数も，また $\tilde{V}_\varepsilon(f)$ に含まれてしまうのである．要するに，f からはみ出しているグラフの部分の面積が ε 以下でありさえすればよいのである．

h のような関数で，とる値をどんどん大きくしても（グラフを上へ上へと延ばしても），高くなる場所の幅をそれに応じて細くとっておけば（1本の糸のように見える細くて高い高い木！），f のグラフからはみ出ている，h のグラフの面積は ε 以下にできる．すなわ

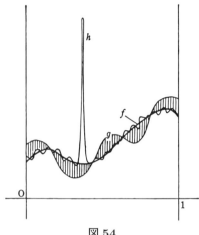

図54

ち，このことから，$\tilde{V}_\varepsilon(f)$ の中には，いくらでも大きい値をとる連続関数が含まれていることがわかる．この状況は $C[0,1]$ における ε-近傍 $V_\varepsilon(f)$（図53）と，全く異なっている．$C[0,1]$ と $\tilde{C}[0,1]$ とでは，本質的に近さの規準が違うのである．

Tea Time

 '近さ' とか '近づく' 感じが全く違う2つの距離

$C[0,1]$ と $\tilde{C}[0,1]$ は，集合としては同じ連続関数の集合なのに，近さの性質が全く異なる2つの距離 d と d_1 が入ったことに，読者は奇妙な感じをもたれたかもしれない．確かに，連続関数の集合上でのこの2つの距離 d と d_1 の違いは本質的なものであって，$\boldsymbol{R}^n$ 上で d, d_1, d_p などの距離が，近さという観点からは，それほど差のなかったことに比べれば，全く対照的な状況を提示している．

このようなことは，日常的な場合には起きないと思われるかもしれない．しかし，それはそうではない．たとえば，日本の2つの地点の長さを，地図上の距離で測るか，地上の乗物を使って，1つの地点から他の地点に達する最短時間で測るかは，全く違った遠近の感覚を与えることになるだろう．最短時間で測れば，

東京から箱根の芦ノ湖へ行くよりは，東京から名古屋へ新幹線で行く方が近いということにもなりかねない．この2つの測り方は，全く違う測り方だから，一方で測って遠い近いという2地点も，他方で測ると，遠近が逆転することもある．距離を測る尺度が全く違うからである．

質問 これはたまたま気がついたからお聞きするという質問ですが，$\boldsymbol{R}^n$ の2点間の距離の場合にも d_1 という記号を使い，同じ記号を，積分を用いて導入した $\tilde{C}[0,1]$ の距離にも使っていました．これは全く無関係な記号の使い方なのですか，それとも何か，意味があったことなのですか．

答 同じ記号 d_1 を用いたのは，多少意味があったのである．

$\boldsymbol{R}^n$ の場合 $x = (x_1, x_2, \ldots, x_n)$, $y = (y_1, y_2, \ldots, y_n)$ に対して
$$d_1(x, y) = |x_1 - y_1| + |x_2 - y_2| + \cdots + |x_n - y_n|$$
とおいた．一方，区間 $[0,1]$ 上の連続関数 f, g に対して，$\tilde{C}[0,1]$ の距離は
$$d_1(f, g) = \int_0^1 |f(t) - g(t)| dt$$
と定義した．積分の定義に戻ると，この右辺は
$$\lim_{n \to \infty} \frac{1}{n} \sum_{k=1}^n \left| f\left(\frac{k}{n}\right) - g\left(\frac{k}{n}\right) \right|$$
である．すなわち，$d_1(f, g)$ は，$\boldsymbol{R}^n$ の2点
$$f_n = \left(f\left(\frac{1}{n}\right), \ldots, f\left(\frac{k}{n}\right), \ldots, f\left(\frac{n}{n}\right) \right)$$
$$g_n = \left(g\left(\frac{1}{n}\right), \ldots, g\left(\frac{k}{n}\right), \ldots, g\left(\frac{n}{n}\right) \right)$$
の d_1-距離 $d_1(f_n, g_n)$ をとって，収束するために $\frac{1}{n}$ をかけて，$n \to \infty$ としたものとなっている：
$$d_1(f, g) = \lim_{n \to \infty} \frac{1}{n} d_1(f_n, g_n)$$
この意味で，少し乱暴ないい方をすれば，$\tilde{C}[0,1]$ は，n 次元の距離空間 $(\boldsymbol{R}^n, d_1)$ の，$n \to \infty$ としたときの無限次版！となっている．

第 **13** 講

点列の収束，開集合，閉集合

― テーマ ―
- ◆ 点列の収束の具体例
- ◆ $\boldsymbol{R}^n$ における収束：座標成分の収束との関係
- ◆ $\boldsymbol{R}^\infty$ における収束：座標成分の収束との関係
- ◆ $C[0,1]$ における関数列の収束
- ◆ 距離空間における開集合，閉集合
- ◆ 開集合，閉集合の基本的な性質

点列の収束の具体例

　距離空間の点列の収束については，第 10 講で一般的な定義を述べておいた．一般的な定義だけでは，なかなか実感がつかめないかもしれないから，前講の $\boldsymbol{R}^n, \boldsymbol{R}^\infty, C[0,1]$ のとき，点列の収束が具体的にどのような形で述べられるか調べておこう．

$\boldsymbol{R}^n$ のとき

　まず，不等式
$$|x_i - y_i| \leqq \sqrt{(x_1 - y_1)^2 + \cdots + (x_n - y_n)^2} \leqq \sqrt{n} \operatorname*{Max}_{1 \leqq i \leqq n} |x_i - y_i| \qquad (1)$$
$(i = 1, 2, \ldots, n)$ が成り立つことに注意しておこう．左側の不等式は，$\sqrt{}$ の中で，$(x_i - y_i)^2$ 以外の項を 0 におき直したものである．右側の不等式は $\sqrt{}$ の中の
$$(x_1 - y_1)^2, \quad (x_2 - y_2)^2, \quad \ldots, \quad (x_n - y_n)^2$$
のすべてを，この中で一番大きい $\operatorname*{Max}_{1 \leqq i \leqq n} |x_i - y_i|^2$ におき直して得られたものである．

　$\boldsymbol{R}^n$ の点列 $x^{(1)}, x^{(2)}, \ldots, x^{(s)}, \ldots$ が x へ収束する状況を考えるため

92 第13講 点列の収束，開集合，閉集合

$$x^{(s)} = (x_1^{(s)}, x_2^{(s)}, \ldots, x_i^{(s)}, \ldots, x_n^{(s)})$$

$$x = (x_1, x_2, \ldots, x_i, \ldots, x_n)$$

とおく．そのとき

$s \to \infty$ のとき，$x^{(s)} \to x$ となるための必要十分条件は，各 $i = 1, 2, \ldots, n$ に対して，$s \to \infty$ のとき

$$x_i^{(s)} \to x_i$$

が成り立つことである．

すなわち，$x^{(s)} \to x$ となることは，各座標成分 $x_i^{(s)}$ が x_i に近づくことと同じことであるといっているのである．

このことは (1) 式を，$x^{(s)}$ と x に適用して

$$|x_i^{(s)} - x_i| \leqq d(x^{(s)}, x) \leqq \sqrt{n} \operatorname*{Max}_{1 \leqq i \leqq n} |x_i^{(s)} - x_i|$$

と書いてみるとわかる．もし $x^{(s)} \to x \ (s \to \infty)$ ならば，左側の不等式から，各 i に対して，$x_i^{(s)} \to x_i \ (s \to \infty)$ が成り立つことがわかる．また各 i に対して，$x_i^{(s)} \to x_i \ (s \to \infty)$ が成り立っていれば，もちろん $i = 1, 2, \ldots, n$ の中で $|x_i^{(s)} - x_i|$ が最大となるものも，0 に近づくから，右側の不等式から，$d(x^{(s)}, x) \to 0 \ (s \to \infty)$ がいえる．∎

R^∞ のとき

R^∞ の点列 $x^{(1)}, x^{(2)}, \ldots, x^{(s)}, \ldots$ が x へ収束するときにも，R^n と同様のことが成り立つ．それを述べるために，

$$x^{(s)} = (x_1^{(s)}, x_2^{(s)}, \ldots, x_i^{(s)}, \ldots)$$

$$x = (x_1, x_2, \ldots, x_i, \ldots)$$

とおく．そのとき

$s \to \infty$ のとき，$x^{(s)} \to x$ となるための必要十分条件は，各 $i = 1, 2, \ldots$ に対して，$s \to \infty$ のとき

$$x_i^{(s)} \to x_i$$

が成り立つことである．

これを示すために，まず $i = 1, 2, \ldots$ に対して

$$\frac{1}{2^i} \frac{|x_i{}^{(s)} - x_i|}{1 + |x_i{}^{(s)} - x_i|} \leqq \sum_{n=1}^{\infty} \frac{1}{2^n} \frac{|x_n{}^{(s)} - x_n|}{1 + |x_n{}^{(s)} - x_n|}$$

すなわち

$$\frac{|x_i{}^{(s)} - x_i|}{1 + |x_i{}^{(s)} - x_i|} \leqq 2^i \sum_{n=1}^{\infty} \frac{1}{2^n} \frac{|x_n{}^{(s)} - x|}{1 + |x_n{}^{(s)} - x|} = 2^i d(x^{(s)}, x)$$

が成り立っていることに注意しよう．したがって $s \to \infty$ のとき，$x^{(s)} \to x$ ならば，各 i に対して $x_i{}^{(s)} \to x_i$ となることがわかる．

ここで $0 \leqq x \leqq 1 \Longrightarrow \frac{1}{2}x \leqq \frac{x}{1+x}$; $x \geqq 1 \Longrightarrow \frac{1}{2} \leqq \frac{x}{1+x}$ を用いた．

逆に，各 i に対して，$x_i{}^{(s)} \to x_i \ (s \to \infty)$ が成り立っているとする．ε を任意の正数として，x の ε-近傍 $V_\varepsilon(x)$ を考える．前講の (1) から，k を十分大きくとると，$y = (y_1, y_2, \ldots) \in \boldsymbol{R}^\infty$ で

$$|y_1 - x_1| < \frac{\varepsilon}{2}, \quad |y_2 - x_2| < \frac{\varepsilon}{2}, \quad \ldots, \quad |y_k - x_k| < \frac{\varepsilon}{2}$$

$$y_{k+1}, \quad y_{k+2}, \quad \ldots, \quad y_{k+l}, \quad \ldots \text{ は任意}$$

をみたすものは，$V_\varepsilon(x)$ の中に含まれている．各 i に対して $x_i{}^{(s)} \to x_i$ が成り立っているから，番号 $s_1, s_2, \ldots, s_k$ を十分大きくとると

$$s > s_1 \Longrightarrow |x_1{}^{(s)} - x_1| < \frac{\varepsilon}{2}$$

$$s > s_2 \Longrightarrow |x_2{}^{(s)} - x_2| < \frac{\varepsilon}{2}$$

$$\ldots \qquad \ldots$$

$$s > s_k \Longrightarrow |x_k{}^{(s)} - x_k| < \frac{\varepsilon}{2}$$

が成り立つ．そこで $s_0 = \mathrm{Max}\,(s_1, s_2, \ldots, s_k)$ とおくと

$$s > s_0 \Longrightarrow |x_i{}^{(s)} - x_i| < \frac{\varepsilon}{2} \quad (i = 1, 2, \ldots, k)$$

となり，このことは，

$$s > s_0 \Longrightarrow x^{(s)} \in V_\varepsilon(x)$$

を示している．ε は任意の正数でよかったから，このことはまた，$x^{(s)} \to x \ (s \to \infty)$ を示している．

$C[0,1]$ のとき

$\{f_1, f_2, \ldots, f_n, \ldots\}$ を，閉区間 $[0,1]$ で定義された連続関数の列とし，これが $C[0,1]$ の点列と考えて，ある連続関数 f に近づくとする：

$$d(f_n, f) \longrightarrow 0 \quad (n \to \infty)$$

すなわち

$$\operatorname*{Max}_{0 \leqq t \leqq 1} |f_n(t) - f(t)| \longrightarrow 0 \quad (n \to \infty)$$

が成り立つとする．したがって，任意の正数 ε に対して，ある番号 k で，$n > k$ ならば

$$\operatorname*{Max}_{0 \leqq t \leqq 1} |f_n(t) - f(t)| < \varepsilon$$

を成り立たせるものがある．$|f_n(t) - f(t)| \leqq \operatorname*{Max}_{0 \leqq t \leqq 1} |f_n(t) - f(t)|$ に注意すると，結局次のことが示された．

> $C[0,1]$ の中で $f_n \to f \ (n \to \infty)$ となるための必要十分条件は，任意の正数 ε に対して，ある番号 k で，$n > k$ ならば，すべての t $(0 \leqq t \leqq 1)$ に対して
>
> $$|f_n(t) - f(t)| < \varepsilon$$
>
> を成り立たせるものがあることである．

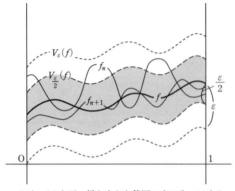

f_n は，f の上下一様な小さな範囲の中に入ってくる

図 55

このとき，関数列 $\{f_n\}$ は f に一様収束するという．

なお，$\tilde{C}[0,1]$ における関数列の収束の状況を，このように別の言葉でいい直すためには，ルベーグ積分という新しい積分の考えを導入しておいた方が見通しがよくなる．しかし，ここでは，このことについては触れない．

距離空間における開集合，閉集合

(X,d) を距離空間とする．X の開集合，閉集合の定義は，直線や平面の場合と，全く同様な形で述べることができる．

【定義】 O を X の部分集合とする．O の任意の点 x をとったとき，ある正数 ε で

$$V_\varepsilon(x) \subset O$$

が成り立つとき，O を開集合という．

一般に，X の任意の部分集合 S が与えられたとき，S の点 x で，十分小さい正数 ε をとると

$$V_\varepsilon(x) \subset S$$

が成り立つとき，x を S の内点という．すなわち，十分小さい範囲に限れば，x のまわりは S の点だけからなっているとき，x を S の内点というのである．

この言葉を使えば，開集合とは，そのすべての点が内点からなる集合であるといってもよい．

【定義】 F を X の部分集合とする．F に属する点列 $x_1, x_2, \ldots, x_n, \ldots$ が点 x に近づくとき，x もまた F に属するという性質をもつとき，F を閉集合であるという．

開集合，閉集合の基本的な性質

直線や平面の場合と同様な開集合と閉集合に関する基本的な性質が，一般の距離空間の場合でも成り立つ．

(O1) $\{O_\gamma\}_{\gamma \in \Gamma}$ $(\Gamma \neq \phi)$ を，開集合 O_γ からなる集合族とする．このとき和集合 $\bigcup_{\gamma \in \Gamma} O_\gamma$ も開集合である．

(O2)　O_1, O_2 が開集合ならば，共通部分 $O_1 \cap O_2$ もまた開集合である．
(O3)　全空間 X は開集合である．
(O4)　空集合 ϕ は開集合である．

(F1)　$\{F_\gamma\}_{\gamma \in \Gamma}$ $(\Gamma \neq \phi)$ を，閉集合 F_γ からなる集合族とする．このとき共通部分 $\bigcap_{\gamma \in \Gamma} F_\gamma$ も閉集合である．
(F2)　F_1, F_2 が閉集合ならば，和集合 $F_1 \cup F_2$ もまた閉集合である．
(F3)　全空間 X は閉集合である．
(F4)　空集合 ϕ は閉集合である．

第3講と見比べてみると，まず気のつくように，(O1) は，第3講では開集合の可算列 $O_1, O_2, \ldots, O_n, \ldots$ となっているのが，ここでは開集合族 $\{O_\gamma\}_{\gamma \in \Gamma}$ におき代っている．Γ として特に $\Gamma = \{1, 2, 3, \ldots\}$ をとると，開集合族 $\{O_\gamma\}_{\gamma \in \Gamma}$ は，開集合列 $\{O_1, O_2, \ldots, O_n, \ldots\}$ となる．したがって，この形で述べておく方が，第3講で述べたものより一般的である．しかし，開集合族の概念になじめない読者は，(O1) を開集合列 $O_1, O_2, \ldots, O_n, \ldots$ に対して成り立つと読んでも，さし当りは特に支障はない．

同様の注意は (F1) についてもいえる．

(O3)，(F3) は，第3講では特に取り上げなかったものである．定義をみれば，全空間 X が開集合の条件も，閉集合の条件もみたしていることは明らかである．

(O4)，(F4) を要請しておいた方がよい理由は，第3講で (そこでは同じことを (O3)，(F3) として引用してある) 述べた理由と同じである．

この (O1)，(O2)；(F1)，(F2) の証明は，第3講で述べたものと，全く同様にできるので，ここではくり返さない．

Tea Time

質問　R^∞ の距離のことなのですが，僕の考えでは，講義で与えた距離は複雑す

ぎるように思います. 僕なら

$$x = (x_1, x_2, \ldots, x_n, \ldots), \quad y = (y_1, y_2, \ldots, y_n, \ldots)$$

の距離を, $|x_n - y_n|$ $(n = 1, 2, \ldots)$ のうち最大なもの, すなわち

$$\tilde{d}(x, y) = \mathrm{Max}\,(|x_n - y_n|\,;\ n = 1, 2, 3, \ldots)$$

で定義します. この方がずっと簡単だと思います. そしてこの距離で, $\tilde{d}(x, y) < \varepsilon$ ということは, すべての座標成分が ε 以下, すなわち $|x_n - y_n| < \varepsilon$ $(n = 1, 2, \ldots)$ となっていることで, 非常によい性質をもっていると思います.

答 この質問は, 問題点を的確に捉えたよい質問なのだが, 質問の中で述べていることに, まず多少の補正がいる. いま,

$$x = (1, 2, 3, \ldots, n, \ldots), \quad y = (0, 0, 0, \ldots, 0, \ldots)$$

としてみると, $|x_n - y_n| = n$ となり, したがってこのとき n が大きくなると, $|x_n - y_n|$ はいくらでも大きくなるから, $\tilde{d}(x, y)$ の値は存在しなくなる.

また

$$x = \left(\frac{1}{2}, \frac{2}{3}, \frac{3}{4}, \ldots, \frac{n-1}{n}, \ldots\right), \quad y = (0, 0, 0, \ldots, 0, \ldots)$$

とおくと, $|x_n - y_n| = \frac{n-1}{n}$ で, $n \to \infty$ のとき 1 に近づくが, ちょうど 1 になることはないのだから, $|x_n - y_n|$ $(n = 1, 2, \ldots)$ に最大値は存在しない.

このような点を考慮して, 質問の意向を生かすように距離 $\tilde{d}$ を補正するには

$$\tilde{d}'(x, y) = \sup_n (|x_n - y_n| \wedge 1)$$

とおくとよい. ここで $|x_n - y_n| \wedge 1$ は, $|x_n - y_n|$ と 1 の, どちらか小さい方の値をとっているという意味である. もし, ある n で $|x_n - y_n| \geqq 1$ となっていると, $\tilde{d}'(x, y) = 1$ である. もし, すべての n で $|x_n - y_n| < 1$ ならば

$$\tilde{d}'(x, y) = \sup_n |x_n - y_n|$$

であり, このとき Max と sup の違いはあるが, $\tilde{d}$ (この定義は不完全!) も $\tilde{d}'$ も本質的には同じ'近さ'の感じを捉えようとしている.

$\tilde{d}'$ は距離の性質 (i), (ii), (iii) をみたしているし, 式の形も簡単だから, d より, $\tilde{d}'$ の方がよい距離のようにみえる. 実際, 距離 d の方がよいか, $\tilde{d}'$ の方がよいか, 一概に比較できるようなことではないが, いま次のような点列を考えてみよう.

$$x^{(1)} = (0, 1, 1, \ldots, 1, \ldots)$$
$$x^{(2)} = (0, 0, 1, 1, \ldots, 1, \ldots)$$

98   第 13 講　点列の収束，開集合，閉集合

$$x^{(3)} = (0,0,0,1,\dots,1,\dots)$$

$$\dots$$

$$x^{(s)} = (\overbrace{0,0,0,\dots,0}^{s},1,1,\dots)$$

$$\dots$$

この点列の各々の座標成分は，あるところから先 0 となるから，各 i に対して $x_i^{(s)} \to 0 \ (n \to \infty)$ であって，したがって，講義の中で述べたことにより，$d(x^{(s)},0) \to 0 \ (s \to \infty)$ である．ここで 0 は $0 = (0,0,0,\dots)$ を表わしている．

すなわち，距離 d については $x^{(s)} \to 0 \ (s \to \infty)$ である．しかし距離 $\tilde{d}'$ では，つねに

$$\tilde{d}'(x^{(s)},0) = 1$$

であることはすぐにわかるから，点列 $\{x^{(s)}\}$ は 0 に近づかない．

$\boldsymbol{R}^{\infty}$ の点列が，ある点に近づく様子を調べるとき，私たちは，ふつうは，各座標成分がどのような値に近づいていくかを注目することによって，調べていこうとする．このような望みに適合する距離は，この例でみたように，$\tilde{d}'$ の方ではなく，d の方なのである．この理由から，数学では，距離 d の方を主に用いている．

第14講

近 傍 と 閉 包

テーマ
- ◆ 開近傍,近傍
- ◆ 点列の収束と近傍
- ◆ 部分集合の近傍
- ◆ 閉包の定義:集積点をすべてつけ加えた集合
- ◆ 閉包の基本的な性質
- ◆ (Tea Time) 近傍と閉包との関係

開 近 傍

　第1講から第9講までの主題となっていた,数直線や平面の部分集合の近さに関する概念のほとんどは,そのままの形で一般の距離空間にまで拡張される.しかし,それをそのままくり返すことは,いかにも退屈なことだから,少しずつ新しい概念を導入していくことにより,数学の世界を広げていくことにしよう.

　距離空間 (X, d) の,点 x における ε-近傍 $V_\varepsilon(x)$ の定義は,第11講で与えてある.しかし,x の近傍——x のまわりの点の集り——というときに,ε-近傍だけにこだわることはないようである.図56は平面の場合に描いてあるが,点 x の近傍として,図示してあるような,x を完全に中に包むようなさまざまな形のものも,x の近傍といってもよいと思われる.

　開集合の概念は,すでによく知っているから,この考えに基づいて,これからは,単に x の ε-近傍だけではなくて,点 x を含む開集合も,x の開近傍といって,これも,近傍の概念の中に加えておくことにしよう.そうすると,図56で示したものは,すべて x の開

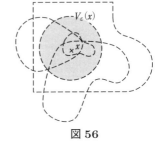

図 56

近傍といってよいことになる.

点 x の開近傍 V をとると, x は V の内点だから, 十分小さい正数 ε をとると, x の ε-近傍は V に含まれている:

$$V_\varepsilon(x) \subset V \tag{1}$$

いま点列 $\{x_n\}$ が x に近づくとしよう. このとき, どんな小さい正数 ε をとっても, ある番号 k をとると, $n > k \Longrightarrow x_n \in V_\varepsilon(x)$ となっている. したがって上のことから, 次のことが成り立つことがわかる.

(∗) $x_n \to x \, (n \to \infty)$ のとき, x の任意の開近傍 V に対して, 必ずある番号 k があって
$$n > k \Longrightarrow x_n \in V$$
が成り立つ.

近　　傍

点 x のまわりを'完全に蔽っている'ようなある範囲に注目することにしよう. このような範囲を特性づける性質は, x に近づくどんな点列 $\{x_n\}$ も, 番号 n がどんどん大きくなると, いずれはある番号から先の x_n がすべてこの範囲に含まれてしまうということで与えられるだろう. すなわち, 上の性質 (∗) が成り立つということである. 上の性質 (∗) は, (1) からの結論である.

したがって, 開近傍の概念をさらに一般化して, 次のような定義を与えることも, ごく自然なことになってくる.

【定義】 点 x を含む集合 W が, 次の性質をみたすとき, W を x の<u>近傍</u>という.

十分小さい正数 ε をとると
$$V_\varepsilon(x) \subset W$$
が成り立つ.

図 57 では, 平面の場合に, x のいろいろな近傍を描いてある.

このとき, 次のことが成り立つ.

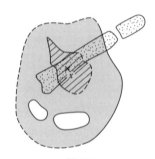

図 57

> W が x の近傍 $\Longleftrightarrow x$ に近づくどんな点列 $x_1, x_2, \ldots, x_n, \ldots$ をとっても,
> ある番号 k があって $n > k \Longrightarrow x_n \in W$.

【証明】 $\Rightarrow$ の成り立つことは,すでに述べてある. $\Leftarrow$ の証明は次のようにする. 背理法を用いるため,W が x の近傍でないとする. そのときには,どんな小さい正数 ε をとっても,$V_\varepsilon(x)$ は,W に含まれていない. 特に $\varepsilon = 1, \frac{1}{2}, \frac{1}{3}, \ldots, \frac{1}{n}, \ldots$ をとったとき,$V_{\frac{1}{n}}(x)$ は W に含まれていないから,

$$x_n \in V_{\frac{1}{n}}(x), \quad x_n \notin W \quad (n = 1, 2, 3, \ldots)$$

をみたす点列 $\{x_1, x_2, \ldots, x_n, \ldots\}$ が存在することになる. 明らかに $x_n \to x$ $(n \to \infty)$ であるが,すべての n に対して $x_n \notin W$ なのだから,このことは右側に述べてあることが成り立たないことを意味している. 背理法によって,これで $\Rightarrow$ が成り立つことが示された. ∎

次のことを注意しておこう.

> W が x の近傍 $\Longleftrightarrow$ ある開集合 O で
> $x \in O \subset W$
> をみたすものが存在する.

【証明】 $\Rightarrow$:W が x の近傍ならば,十分小さい正数 ε をとると $V_\varepsilon(x) \subset W$ が成り立っている. $V_\varepsilon(x)$ は開集合だから,$O = V_\varepsilon(x)$ とおくと,$x \in O \subset W$ が成り立つ.

$\Leftarrow$:$x \in O \subset W$ となる開集合 O が存在すれば,開集合の性質から,十分小さい正数 ε をとると

$$V_\varepsilon(x) \subset O$$

となる. したがって $V_\varepsilon(x) \subset W$ となり,W は x の近傍となる. ∎

部分集合の近傍

1 点 x の近傍だけではなくて,任意の部分集合 S に対しても,S の近傍の概念を導入したい.

【定義】 部分集合 S が与えられたとき，次の性質をみたす部分集合 W を，S の<u>近傍</u>という：
適当な開集合 O をとると
$$S \subset O \subset W \qquad (2)$$
が成り立つ．

特に，W 自身が S を含む開集合となっているとき，すなわち (2) で O として W 自身がとれるとき，W を S の<u>開近傍</u>という．

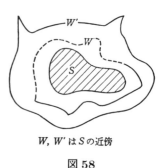

W, W' は S の近傍

図 58

閉　　包

平面 (または直線) の部分集合に対して，集積点の定義はすでに第4講で与えてある．全く同様にして，距離空間 X の部分集合 S に対しても，S の集積点の概念を導入することができる．

【定義】 点 x が S の<u>集積点</u>であるとは，S の中から適当に相異なる点列 $x_1, x_2, \ldots, x_n, \ldots$ をとると，$x_n \to x \ (n \to \infty)$ が成り立つことである．

S の集積点は，S に属していることもあるし，また S に属していないこともある．S の集積点が1つも存在しないこともある．たとえば，有限集合 S には集積点はない．無限集合であっても，たとえば数直線上の整数を座標にもつ点全体の集合 S には，集積点はない．(整数の点は，とびとびに並んでいて，密集していくような点はないのである！)

【定義】 部分集合 S に，S の集積点をすべてつけ加えて得られる集合を，S の<u>閉包</u>といい，$\bar{S}$ で表わす．

すなわち，$\bar{S} = S \cup \{S \text{ の集積点}\}$ である．

【例1】 数直線上の集合
$$S = \left\{ 1, \frac{1}{2}, \frac{1}{3}, \ldots, \frac{1}{n}, \ldots \right\}$$
をとると，S の集積点は 0 だけからなり，したがって
$$\bar{S} = \left\{ 1, \frac{1}{2}, \frac{1}{3}, \ldots, \frac{1}{n}, \ldots, 0 \right\}$$
である．

【例2】 平面上の集合

$$S = \{(x, y) \mid 0 < x^2 + y^2 < 1\}$$

をとる. S は半径 1 の円の内部から, 中心となっている原点を除いたものである. このとき

$$\bar{S} = \{(x, y) \mid 0 \leqq x^2 + y^2 \leqq 1\}$$

となる. (中心も, 周上の点も, 中心を除いた円の内部の点から近づける.)

閉包の性質

閉包は, 次の 4 つの基本的な性質をもっている.

(C1)　$S \subset \bar{S}$

(C2)　$S \subset T \Longrightarrow \bar{S} \subset \bar{T}$

(C3)　$\overline{S \cup T} = \bar{S} \cup \bar{T}$

(C4)　$\bar{\bar{S}} = \bar{S}$

この 4 つの性質が成り立つことを確かめてみよう.

(C1)：$\bar{S}$ は S に集積点をつけ加えて得られるのだから, このことは明らかである.

(C2)：集積点の定義をみるとわかるように, $S \subset T$ ならば, S の集積点は, 当然 T の集積点にもなっている. したがって $\bar{S} \subset \bar{T}$ である.

(C3)：$S \subset S \cup T$, $T \subset S \cup T$ により, (C2) から $\bar{S} \subset \overline{S \cup T}$, $\bar{T} \subset \overline{S \cup T}$. $\bar{S}, \bar{T}$ ともに, $\overline{S \cup T}$ に含まれているのだから, $\bar{S} \cup \bar{T} \subset \overline{S \cup T}$ である. 逆の包含関係を示すために, $\overline{S \cup T}$ から 1 点 x をとる. このとき $x \in \bar{S} \cup \bar{T}$ となっていることを示したい. x は $S \cup T$ の点か, あるいは $S \cup T$ の集積点か, どちらかである. x が $S \cup T$ の集積点のときに, $x \in \bar{S} \cup \bar{T}$ を示せばよい. x は $S \cup T$ の集積点だから, $S \cup T$ に属する無限点列 $x_1, x_2, \ldots, x_n, \ldots$ が存在して $x_n \to x \ (n \to \infty)$ となっている. S か T か, どちらか少なくとも一方は, $x_1, x_2, \ldots, x_n, \ldots$ の中の, 無限個の点を含んでいなくてはならない. いま,

$$x_{i_1}, x_{i_2}, \ldots, x_{i_n}, \ldots \in S$$

とする．このとき，$x_{i_n} \to x$ であり，したがって x は S の集積点となる．すなわち $x \in \bar{S} \subset \bar{S} \cup \bar{T}$ である．これで結局，$\overline{S \cup T} \subset \bar{S} \cup \bar{T}$ が示された．

(C4)：$\bar{\bar{S}}$ は，$\bar{S}$ の閉包のことである．したがって (C1) から $\bar{S} \subset \bar{\bar{S}}$ は成り立つ．逆の包含関係を示すために $\bar{\bar{S}}$ に属する任意の点 x をとる．$x \in \bar{S}$ であることを示したい．このためには，x が $\bar{S}$ の集積点のときを考えれば十分である．このとき，$\bar{S}$ に属する無限点列 $x_1, x_2, \ldots, x_n, \ldots$ で x に近づくものがある．この $x_1, x_2, \ldots$ の各点は，S の点か，S の集積点である．したがって

$$d(x_n, y_n) < \frac{1}{n} \quad (n = 1, 2, \ldots)$$

をみたす点 y_n が S の中に存在する．この点列 $\{y_1, y_2, \ldots, y_n, \ldots\}$ は x に収束する．実際

$$\bar{S} \ni x_1, x_2, \ldots, x_n, \ldots \to x \in \bar{\bar{S}}$$

$$d(x, y_n) \leqq d(x, x_n) + d(x_n, y_n)$$
$$< d(x, x_n) + \frac{1}{n} \longrightarrow 0 \quad (n \to \infty)$$

したがって，x は S の集積点であって，$x \in \bar{S}$ である．∎

この (C4) の証明の中にも，距離の三角不等式が本質的に用いられていることを，注意しておいてほしい．また，特に述べなかったが，$\{y_1, y_2, \ldots\}$ の中に，異なるものが無限個あることも容易に確かめられる．

なお，空集合 ϕ に対しては

(C5)　$\bar{\phi} = \phi$

と約束しておくことにしよう．

ここで，簡単な注意を 1 つ述べておこう．部分集合 A からとった点列 $x_1, x_2, \ldots, x_n, \ldots$ が点 x に近づくとき，2 つの場合がある．1 つの場合は，$x_1, x_2, \ldots, x_n, \ldots$ の中に相異なるものが有限個しかない場合であり，もう 1 つの場合は，相異なるものが無限にあるときである．最初の場合，$d(x_m, x_n) \to 0 \, (m, n \to$

∞) に注意すると (すなわち,先へ進むと点列間の間隔がいくらでも小さくなることに注意すると),ある番号 k があって,$n > k$ ならば $x_n = x_{n+1} = \cdots = x$ となることがわかる.したがってこのとき,$x \in A$ である.あとの場合は,x は A の集積点であり,したがって $x \in \bar{A}$ である.

さて,閉包について,次の性質はよく用いられる.

$$\bar{S}\text{ は }S\text{ を含む最小の閉集合である.}$$

最小というのは,もしある閉集合 F が $S \subset F$ となっていれば,必ず $\bar{S} \subset F$ となることである.

まず,$\bar{S}$ は閉集合であることをみよう.なぜなら,$\bar{S}$ からとった点列 $x_1, x_2, \ldots, x_n, \ldots$ が x に近づくと,上のことから (A として $\bar{S}$ をとる) $x \in \bar{S}$ か,$x \in \bar{\bar{S}}$ である.(C4) から $\bar{\bar{S}} = \bar{S}$ だから,いずれの場合でも $x \in \bar{S}$ となって,$\bar{S}$ は閉集合である.

次に,$S \subset F$ をみたす閉集合 F をとる.S の点列 $x_1, x_2, \ldots, x_n, \ldots$ が $\bar{S}$ の点 x に収束すれば,F は閉集合だから,x は F に属していなくてはならない.したがって $\bar{S} \subset F$ であり,$\bar{S}$ は S を含む最小の閉集合である.

問 1 近傍について次の性質が成り立つことを示せ.
  (i) U, W が x の近傍ならば,$U \cap W$ もまた x の近傍である.
  (ii) W が x の近傍ならば,$W \subset S$ をみたす S はまた x の近傍である.

問 2 距離空間の部分集合 S が閉集合となるための,必要かつ十分なる条件は,$\bar{S} = S$ が成り立つことである.このことを証明せよ.

Tea Time

近傍と閉包の関係

近傍と閉包の 2 つの概念を,講義の中では並列的に導入してしまったが,これで済ましてしまうと,読者の頭の中には,この 2 つの概念がばらばらに入ってしまうかもしれない.それではやはり困るので,ここでは近傍と閉包の直接の結び

つきを与えておこう．

部分集合 S が与えられたとき，点 x が $\bar{S}$ に属するための必要かつ十分な条件は，x のすべての近傍 W に対して

$$W \cap S \neq \phi$$

が成り立つことである．

Tea Time にこのことの形式的な証明をしてみてもはじまらない．どういうことかだけを説明しよう．S の点 x に対しては，$x \in W$ なのだから，$W \cap S \ni x$ であり，したがって $W \cap S \neq \phi$ は明らかなことである．x が S の集積点のときが問題となる．x が S の集積点であるということは，x の足もとにいくらでも S の点が押し寄せてくるということである．たとえていえば，x の前には，S という海が広がっているか，あるいは小川が流れていて，岸に立つ x の足もとにはいくらでも水が波打って近づいてくるような状況である．したがって，x が少しでも——近傍 W の範囲に——足を動かせば，そこには必ず水があることになるだろう．すなわち，W は水 S と交わる——$W \cap S \neq \phi$——ということになってしまうのである．

質問 点 x の近傍というのは，何か小さいものだと思っていましたが，ここでの定義をみると，全空間 X も，1 点 x の近傍となっています．平面の場合でいえば，全平面も原点の近傍だ，ということになります．こんなに大きくなってしまっては，何か近傍という言葉の感じと合わないようです．

答 確かに近傍という言葉からくる日常的な感じにこだわっていては，全空間までが近傍となってしまうことは，少しおかしいかもしれない．しかし，そうかといって，どの範囲までを近傍というかということも，はっきりしないことである．近傍の概念の中には，全空間も含んでいるが，実際は，たとえば，'x のすべての近傍で … が成り立つ'などというときには，頭の中では，x にどんどん近づいていく，限りなく小さくなる近傍を思い描いている．

第 **15** 講

連 続 写 像

── テーマ ──

◆ 2 つの距離空間の間の写像の例

◆ 写像の連続性：近づくものを近づくものへ移す

◆ 連続性と閉包：$\varphi(\bar{S}) \subset \overline{\varphi(S)}$

◆ 連続性と開集合：開集合 O に対し $\varphi^{-1}(O)$ が開集合

◆ 連続性と閉集合：閉集合 F に対し $\varphi^{-1}(F)$ が閉集合

◆ 連続性と近傍

---

2 つの距離空間

今までは，1 つの距離空間だけを考えていたが，ここでは 2 つの距離空間 (X, d) と (Y, d') を考える．(X, d) と (Y, d') は，全く無関係な距離空間であるという設定から，話ははじまる．

X から Y への写像 φ が与えられたとする．このとき，この講では，φ の連続性について調べたい．その前に，このような一般の空間の場合での写像の例を与えておこう．

たとえば，(X, d) として数直線 $\boldsymbol{R}$，(Y, d) として区間 $[0, 1]$ 上の連続関数のつくる距離空間 $C[0, 1]$ をとる．

このとき

$$\varphi : x \longrightarrow f_x(t) = xt^2 + x$$

は，$\boldsymbol{R}$ から $C[0, 1]$ への写像の例を与えている（$f_x(t)$ は区間 $[0, 1]$ だけで考えている）．すなわち，数直線上の 1 には，φ によって $t^2 + 1$ という関数が対応し，-5 には $-5t^2 - 5$ という関数が対応している．

逆に X として $C[0, 1]$ をとり，Y として $\boldsymbol{R}$ をとった場合，

$$\psi : f \longrightarrow \int_0^1 f(t)dt$$

108   第 15 講 連 続 写 像

は，X から Y への写像の例を与えている．たとえば，$\psi(t^3) = \int_0^1 t^3 dt = \frac{1}{4}$，$\psi(\sin \pi t) = \int_0^1 \sin \pi t dt = \frac{2}{\pi}$ となっている．要するに，ψ は，f に対して，f のグラフの面積を対応させているのである．

連 続 写 像

さて，このような 2 つの距離空間 X と Y が与えられたとき，X から Y への写像 φ の連続性を，'近づくものを近づくものへ移す' という性質で定義する．すなわち

【定義】 X から Y への写像 φ が連続であるとは，任意の点 $x \in X$ と，x に近づく任意の点列 $x_1, x_2, \ldots, x_n, \ldots$ に対して

$$f(x_n) \longrightarrow f(x) \quad (n \to \infty)$$

が成り立つことである．

簡単に書けば，連続性とは

$$x_n \to x \quad (n \to \infty) \Longrightarrow f(x_n) \to f(x)$$

が成り立つことである．

上に述べた 2 つの写像 φ と ψ は連続写像である．ψ の方の連続性だけを述べておこう．

$f_n \to f$ とする．このことは $C[0,1]$ の距離の定義から，任意の正数 ε に対して，k を十分大きくとれば

$$n > k \Longrightarrow |f_n(t) - f(t)| < \varepsilon \quad （すべての \ t \in [0,1] \ で）$$

が成り立つことを意味している．したがって，$n > k$ のとき

$$|\psi(f_n) - \psi(f)| = \left| \int_0^1 f_n(t) dt - \int_0^1 f(t) dt \right|$$

$$\leqq \int_0^1 |f_n(t) - f(t)| \, dt < \int_0^1 \varepsilon \cdot dt = \varepsilon$$

となり，このことは，$n \to \infty$ のとき，$\psi(f_n) \to \psi(f)$ となることを示している．したがって ψ は連続である．

連続性と閉包

写像 φ が連続であるという上の定義は，閉包の概念と密接に結びついている．すなわち

φ が連続 $\Longleftrightarrow$ X のすべての部分集合 S に対して
$$\varphi(\bar{S}) \subset \overline{\varphi(S)}$$
が成り立つ．

【証明】 $\Rightarrow$：φ を連続とする．任意の点 $x \in \bar{S}$ をとったとき $\varphi(x) \in \overline{\varphi(S)}$ を示すとよい．$x \in S$ ならば，このことは明らかに成り立つから，x が S の集積点となっているときを考えるとよい．そのため，x に近づく S の無限点列 $x_1, x_2, \ldots, x_n, \ldots$ をとる．$x_n \to x$ だから，φ の連続性によって，$\varphi(x_n) \to \varphi(x)$ である．$\varphi(x_n) \in \varphi(S)$ $(n = 1, 2, \ldots)$ と $\overline{\varphi(S)}$ が閉集合であることにより $\varphi(x) \in \overline{\varphi(S)}$ がいえた．

$\Leftarrow$：任意の部分集合 S に対して，$\varphi(\bar{S}) \subset \overline{\varphi(S)}$ が成り立っているとする．いまある点 x と，x に近づく点列 $\{x_n\}$ に対して，$\varphi(x_n) \to \varphi(x)$ が成り立たなかったとする．このとき，ある正数 ε_0 と，$\{x_n\}$ の中からとった無限点列 $\{x_{n_1}, x_{n_2}, \ldots, x_{n_i}, \ldots\}$ で

$$d(\varphi(x_{n_i}), \varphi(x)) \geqq \varepsilon_0 \quad (i = 1, 2, \ldots) \tag{1}$$

となるものが存在する．そこで S として，

$$S = \{x_{n_1}, x_{n_2}, \ldots, x_{n_i}, \ldots\}$$

をとってみる．このとき

$$\bar{S} = \{x_{n_1}, x_{n_2}, \ldots, x_{n_i}, \ldots, x\}$$

である．すなわち $\bar{S}$ は，ただ 1 つの集積点 x をもつ．一方

$$\overline{\varphi(S)} = \overline{\{\varphi(x_{n_1}), \varphi(x_{n_2}), \ldots, \varphi(x_{n_i}), \ldots\}}$$

であるが，(1) から，$\overline{\varphi(S)}$ の中には，$\varphi(x)$ は含まれていない．$x \in \bar{S}$ で，$\varphi(x) \notin \overline{\varphi(S)}$ だから，これは仮定に矛盾する． ∎

証明は，ひとまずこれで済んだが，重要なことは，写像 φ が連続であるという基本的な性質が，点列が近づくという素朴な概念を切り離して，部分集合とその閉包という抽象概念でも述べることができるようになったということである．

110   第15講 連 続 写 像

近づくものを近づくものに移すという，連続性のわかりやすい表現を，なぜこのように抽象的な形に昇化していく必要があるのかと疑問に思われる読者も多いかもしれない．これに対する明確な解答はないのだが，ひとまず完成した現代数学の構図に立ってみれば，近さの概念を数学の枠組の中にはめこんだ位相空間論では，連続性を，写像と部分集合相互の関連という観点で捉えたのである．このような捉え方が可能であったのは，ここでみたように，また以下でもみるように，近づくということに根ざすさまざまな概念が，閉包とか，開集合とか，閉集合とかいう概念に吸収されていったことによる．この過程は，数学の抽象化とよばれるものの一つの現われとなっている．

連続性と開集合

写像 φ が連続であるという性質は，逆像を通して開集合の概念ともしっかり結びついている．φ を X から Y への写像とする．

$$\varphi \text{ が連続} \Longleftrightarrow Y \text{ の任意の開集合 } O \text{ に対し，} \varphi^{-1}(O)$$
$$\text{は } X \text{ の開集合となる．}$$

この証明は，第8講で，平面から平面(または直線)への写像の場合に与えた証明と全く同様にできるので，ここではくり返さない．

前と同じような注意になるが，読者はむしろ，ε-δ 論法のもととなる不等式による連続性のいい表わしが，このような不等号とは全然無関係な形でいい表わされてしまったことに，注意を払うべきであろう．集合概念のもたらす一つの簡潔さをここにみることができる．

連続性と閉集合

第8講で述べたのと同様に，上の命題を，補集合に移しかえて述べることにより，連続性と閉集合の関係も得られる．

$$\varphi \text{ が連続} \Longleftrightarrow Y \text{ の任意の閉集合 } F \text{ に対し，} \varphi^{-1}(F)$$
$$\text{は } X \text{ の閉集合となる．}$$

連続性と近傍

連続性を近傍によっていい表わすこともできる.

> φ が連続 $\iff$ 各点 $x \in X$ に対して, $y = \varphi(x)$ とおくと, y の任意の近傍 W に対し, $\varphi^{-1}(W)$ は x の近傍となる.

実際, y の近傍 W をとると, ある開集合 O が存在して $y \in O \subset W$ となっている. φ による逆像を考えることにより

$$x \in \varphi^{-1}(O) \subset \varphi^{-1}(W)$$

となる. φ が連続ならば, $\varphi^{-1}(O)$ は開集合だから, このことは, $\varphi^{-1}(W)$ が x の近傍であることを示している. これで $\Rightarrow$ の証明が得られた.

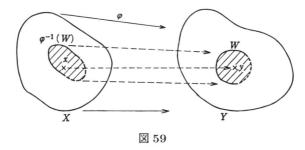

図 59

逆向き $\Leftarrow$ が成り立つことの証明: 右側に述べてあることを仮定すると, 任意の Y の開集合 O に対して, $\varphi^{-1}(O)$ が開集合となることをみるとよい. 任意に $x \in \varphi^{-1}(O)$ をとり, $y = \varphi(x)$ とおく. $y \in O$ で, O 自身 y の近傍だから, 仮定から $\varphi^{-1}(O)$ は x の近傍となる. したがって $\varphi^{-1}(O)$ の点はすべて内点となり, $\varphi^{-1}(O)$ は開集合である. ∎

Tea Time

質問 φ が連続であるということが, 任意の Y の開集合 O に対して $\varphi^{-1}(O)$ が開集合になるという性質で述べられることは, ひとまず覚えました. しかし, ま

だいっている内容を十分理解したような気がしません．φ が不連続のときこの性質がどうして成り立たなくなるのか，例で示していただけませんか．

答 よく理解するために，いろいろな例で内容を確かめてみることはよいことである．φ が不連続のとき，開集合の逆像は一般には開集合にならないということを，3 つの例で示しておこう．

最初の例は $\boldsymbol{R}$ から $\boldsymbol{R}$ への写像 φ を

$$\varphi(t) = \begin{cases} t, & t \leqq 0 \\ t+2, & t > 0 \end{cases}$$

で与えたものである．図 60 から，φ は $t=0$ で不連続となっている．$\varphi^{-1}((-1,1)) = (-1,0]$ となり，開区間 $(-1,1)$ の逆像は開集合になっていない．

次も $\boldsymbol{R}$ から $\boldsymbol{R}$ への写像の例である．

$$\psi(t) = \begin{cases} 1, & t \text{ が無理数} \\ 0, & t \text{ が有理数} \end{cases}$$

と定義される ψ を考える．このとき，開区間 $\left(-\frac{1}{2}, \frac{1}{2}\right)$ の逆像は，

$$\psi^{-1}\left(\left(-\frac{1}{2}, \frac{1}{2}\right)\right) = \text{有理数の集合}$$

となり，開集合ではない．

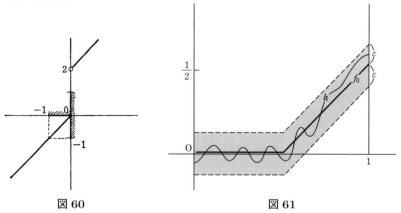

図 60　　　　　　　図 61

3 番目は，この 2 つとは少し変わった例を考えてみよう．いま，$C[0,1]$ から $\boldsymbol{R}$ への写像 Φ を，$f \in C[0,1]$ が，区間 $[0,1]$ でつねに $f(t) \geqq 0$，またはつねに $f(t) \leqq 0$ のときには

$$\Phi(f) = \int_0^1 f(t)dt$$

とおく．そうでない f に対しては，すなわち f のグラフが x 軸を横切るときには

$$\Phi(f) = 0$$

とおく. このとき, Φ は, 多くの場所で不連続となるが, たとえば

$$f_0(t) = \begin{cases} 0, & 0 \leqq t \leqq \dfrac{1}{2} \\ t - \dfrac{1}{2}, & \dfrac{1}{2} \leqq t \leqq 1 \end{cases}$$

という関数 f_0 のところで不連続となる. 不連続となる状況は図 61 を見るとわかる. $\Phi(f_0) = \int_{\frac{1}{2}}^{1} \left(t - \frac{1}{2}\right) dt = \frac{1}{8}$ であるが, $V_\varepsilon(f_0)$ の中にある h に対しては, $\Phi(h) = 0$ となっている. h のような関数を通って, f_0 に近づくことができるが, このとき, $\Phi(h) = 0$ なのに, $\Phi(f_0) = \frac{1}{8}$ となるのだから, Φ は f_0 で不連続である.

そこで $0 < \varepsilon < \frac{1}{8}$ に対して, $\boldsymbol{R}$ の開区間 $\left(\frac{1}{8} - \varepsilon, \frac{1}{8} + \varepsilon\right)$ の Φ による逆像 $\Phi^{-1}\left(\left(\frac{1}{8} - \varepsilon, \frac{1}{8} + \varepsilon\right)\right)$ を考えてみる. この逆像の中には f_0 は含まれているが, f_0 のどんな小さい近傍の中にもある, h のような関数は含まれていない. したがって $\Phi^{-1}\left(\left(\frac{1}{8} - \varepsilon, \frac{1}{8} + \varepsilon\right)\right)$ の中で, f_0 は内点でなくなり, この集合は $C[0,1]$ の開集合ではないことがわかる.

第 **16** 講

同 相 写 像

― テーマ ―
◆ 距離空間 X から Y の上への 1 対 1 連続写像 φ
◆ 同相写像：φ と逆写像 φ^{-1} が連続
◆ 同相写像で距離は保たれない.
◆ 同相写像で保たれるもの：閉包, 開集合, 閉集合, 近傍
◆ 位相的性質：同相写像によって保たれる性質

逆 写 像

　集合 X から Y の上への写像 φ が 1 対 1 となっているときは, 逆写像 φ^{-1} を考えることができる. このときは, φ を通して, X と Y は, 完全に 1 対 1 に対応し合っているから, 集合としては, 本質的には同じものと考えてもよい.

　同様の発想に立てば, 距離空間 (X, d), (Y, d') が与えられたとき, X から Y の上への, 1 対 1 の連続写像 φ があって, φ^{-1} もまた連続となっているような状況を調べてみることは, 大切なことになるだろう.

　まず, その前に, φ が連続ならば, 逆写像 φ^{-1} は連続となっているのかどうかを調べておこう.

　一般に, φ が連続であっても, 逆写像 φ^{-1} は連続とは限らない.

　実際, φ^{-1} が連続とならない例を 1 つ与えておこう.

　X としては, 3 次元空間の中で, xy-座標平面の x 軸の正の方のつくる半直線を, 90° 回して平面に垂直に立てたものを考える. 空間にあるふつうの距離を, ここに制限して考えることにより, X は距離空間となる. Y としては, xy-座標平面をとる. X から Y への写像 φ としては, 垂直に立てた半直線を, もとの場所に ‘寝かす’ という写像をとる. したがって, それ以外の点では, φ は恒等写像で

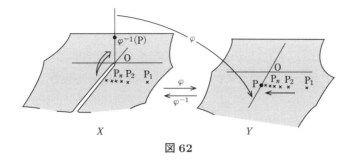

図 62

ある．φ は，X から Y の上への 1 対 1 の連続な写像であるが，φ^{-1} は連続ではない．図 62 で，点列 P_n ($n=1,2,\ldots$) は，x 軸上の点 P に近づくが，$\varphi^{-1}(\mathrm{P}_n)$ ($n=1,2,\ldots$) は，どこにも近づかない．

同 相 写 像

このような例があることを知った上で，次の定義をおく．

【定義】 距離空間 (X,d) から (Y,d') の上への 1 対 1 連続写像 φ があって，φ^{-1} も Y から X への連続写像となっているとき，X と Y は同相であるといい，φ を X から Y への同相写像という．

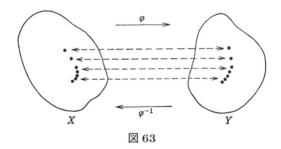

図 63

同相写像を位相同型写像ということもある．

さて，ここでまた大切な注意がある．いま (X,d) としてユークリッド平面 $\boldsymbol{R}^2$ をとる．このとき距離 d は $d(x,y)=\sqrt{(x_1-y_1)^2+(x_2-y_2)^2}$ で与えられている．(Y,d') としては，同じ平面であるが，距離 d' として

$$d'(x,y)=|x_1-y_1|+|x_2-y_2|$$

を採用したものとする．X から Y への写像 φ として，恒等写像 $\varphi(x)=x$ をと

116   第16講 同 相 写 像

る．このとき，第11講でも述べたように，距離 d で測って，点列 $\{x_n\}$ が x へ近づくことと，距離 d' で測って，点列 $\{x_n\}$ が x へ近づくこととは同じことである．このことは，φ も φ^{-1} も連続写像であることを示している．

したがって φ は，この場合 (X, d) から (Y, d') への同相写像を与えている．しかし X と Y の距離は違っている．すなわち2点 x, y の距離を d で測ったものと，φ で移して (同じ点ではあるが距離空間 Y の点と考えて) 測ったものとは，値が違っている．

この意味で，同相写像は，距離を保っていない．それでは一体，同相写像——互いに連続写像で移り合える——というものは，空間のどのような性質を保っているのだろうか．

同相写像で保たれるもの

同相写像で保たれる性質は，基本的には，点列が近づくという性質である．したがって，この性質に基づくいろいろな性質が，また同相写像によって保たれることになる．以下でそれを列記してみよう．

φ を (X, d) から (Y, d') への同相写像とする．

$$\text{(I)} \quad x_n \to x \quad (n \to \infty) \Longleftrightarrow \varphi(x_n) \to \varphi(x) \quad (n \to \infty)$$

ここで記号 $\Longleftrightarrow$ は，今までもたびたび使ったが，左のことが成り立てば右のことが成り立ち，右のことが成り立っていれば，左のことがまた成り立つということである．

この (I) が成り立つことは，φ と φ^{-1} の連続性をいいかえたにすぎない．

$$\text{(II)} \quad O \text{ が } X \text{ の開集合} \Longleftrightarrow \varphi(O) \text{ は } Y \text{ の開集合}$$

$\Rightarrow$ は，φ^{-1} の連続性による．すなわち φ^{-1} が連続だから，φ^{-1} の逆写像 $(\varphi^{-1})^{-1} = \varphi$ が，開集合を開集合へ移している．$\Leftarrow$ は φ の連続性による．

$$\text{(III)} \quad F \text{ が } X \text{ の閉集合} \Longleftrightarrow \varphi(F) \text{ は } Y \text{ の閉集合}$$

(II) と同様に $\Rightarrow$ が φ^{-1} の連続性，$\Leftarrow$ が φ の連続性を示している．

$$\boxed{\text{(IV)} \quad S(\subset X) \text{ の閉包 } \bar{S} \iff \varphi(S)(\subset Y) \text{ の閉包 } \varphi(\bar{S})}$$

ここで述べていることは，S の閉包が，φ によって $\varphi(S)$ の閉包へ移っているということ，すなわち

$$\overline{\varphi(S)} = \varphi(\bar{S})$$

ということである．実際，φ の連続性によって

$$\varphi(\bar{S}) \subset \overline{\varphi(S)} \tag{1}$$

φ^{-1} の連続性によって

$$\varphi^{-1}(\overline{\varphi(S)}) \subset \overline{\varphi^{-1}(\varphi(S))} = \bar{S}$$

すなわち

$$\overline{\varphi(S)} \subset \varphi(\bar{S}) \tag{2}$$

(1) と (2) を見比べて，(IV) の成り立つことがわかる．

$$\boxed{\text{(V)} \quad W \text{ が点 } x \in X \text{ の近傍 } \iff \varphi(W) \text{ が点 } \varphi(x) \in Y \text{ の近傍}}$$

これも，$\Rightarrow$ が φ^{-1} の連続性を示し，$\Leftarrow$ が φ の連続性を示している．

位　　相

【定義】距離空間 (X, d) と (Y, d') が同相のとき，X と Y は，同じ位相をもつという．

X から Y への同相写像を φ とすると，φ によって，点列が近づくという性質も，また X の開集合，閉集合，閉包，近傍の概念が，Y にそのまま移されて，すべて上に述べた意味で保たれている．

その意味で，これらの性質 (および概念) を，距離空間のもつ位相的性質 (および位相的概念) であるという．

【例1】開区間 $(-1, 1)$ と，$\boldsymbol{R}$ は同じ位相をもつ (図 64)．この場合，同相写像としては

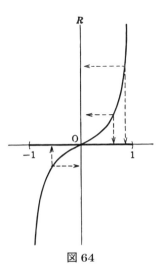

図 64

$$\varphi : (-1,1) \longrightarrow \mathbf{R}$$
$$\cup \qquad\qquad \cup$$
$$t \longrightarrow \tan\frac{\pi}{2}t$$

をとることができる.

【例2】 単位円の内部 $B = \{(x,y) \mid x^2 + y^2 < 1\}$ と, 全平面 $\mathbf{R}^2$ とは, 同相である. 同相写像 φ としては

$$\varphi : B \longrightarrow \mathbf{R}^2$$
$$\cup \qquad\qquad\qquad \cup$$
$$(r\cos\theta, r\sin\theta) \longrightarrow \left(\tan\frac{\pi}{2}r\cdot\cos\theta, \tan\frac{\pi}{2}r\cdot\sin\theta\right)$$

同相写像は 1 つとは限らない. 一般には, 2 つの距離空間の間の同相を与える写像は, 非常に多く存在している. たとえば, 例 1 では, φ の代りに

$$t \longrightarrow \tan\frac{\pi}{2}t^{2n+1} \quad (n = 1, 2, 3, \ldots)$$

をとっても, これらの写像はすべて, $(-1,1)$ から $\mathbf{R}$ への同相写像を与えている.

Tea Time

 距離空間 (X, d) では, 位相を変えずに, 2 点間の距離がつねに 1 以下であるような新しい距離を導入できる.

ここでいっていることは, どんな距離空間 (X, d) をとっても, 新しい距離 d' があって (新しい物差しがあって), この新しい距離 d' で測ると, いつでも

$$d'(x, y) < 1$$

となっているということである. '位相を変えずに' ということは, 点列 $\{x_n\}$ に対して

$$(*) \quad d(x_n, x) \to 0 \iff d'(x_n, x) \to 0 \quad (n \to \infty)$$

が成り立つということである.

最初, このことを聞くと, 妙な気がするかもしれないが, 例 1 でも, $\mathbf{R}$ のようなずっと延びている直線が, 2 点間の長さが 2 以下の開区間 $(-1,1)$ と同相になっている. 同相という観点からみると, 長い短いはあまり関係ないことなのである.

さて, d' という新しい距離は

$$d'(x,y) = \frac{d(x,y)}{1+d(x,y)}$$

で定義されたものを採用するとよい．d' は距離の性質 (i), (ii), (iii) (第 10 講) をみたしている．また

$$0 \leqq d'(x,y) < 1$$

も明らかであろう．(∗) の成り立つことは，⇒ は

$$d'(x,y) \leqq d(x,y)$$

から，また ⇒ は，$0 < \varepsilon < 1$ に対して

$$d'(x,y) < \varepsilon \Longrightarrow d(x,y) < \frac{\varepsilon}{1-\varepsilon}$$

が成り立つことからわかる．

質問 円が，薄いゴム膜からできているとすると，円周部分を固定して，一部分を伸ばしたり一部分を縮めたりして，前の点がどこへ移ったかをみることは，写像としては，円から円への同相写像と考えられます．同相写像は本当にたくさんあるわけですね．そのことから考えたのですが，距離空間 (X,d) から (X,d) への同相写像 φ があったとき，

$$\tilde{d}(x,y) = d(\varphi(x), \varphi(y))$$

とおくと，$\tilde{d}$ は，X に新しい距離を与えるように思いますし，また，(X,d) と $(X,\tilde{d})$ は同じ位相をもつと思いますが，これは正しいですか．

答 正しい．質問の例では，$\tilde{d}$ は，伸縮してからの 2 点間の距離を測っていることになる．いくら伸ばして縮めても，近づく点列は，やはり近づく点列へと移っている．d と $\tilde{d}$ は，同じ位相を与えているのだから，d で考えても，$\tilde{d}$ で考えても，X の開集合や閉集合は変わらない．このような距離 $\tilde{d}$ が，非常にたくさんあることを考えていると，しだいに，距離よりは，開集合や閉集合の概念の方に実在感が出てくる．このように徐々に醸成されてくる意識の変化が，数学史の上でも，距離空間から，一般の位相空間 (第 24 講以下で述べる) へと移行する一つの契機を与えたようである．

第 **17** 講

コンパクトな距離空間

┌ テーマ ─────────────────────────────
- ◆ コンパクト距離空間：無限点列は集積点をもつ.
- ◆ コンパクト空間は連続写像によって，コンパクト空間へ移る.
- ◆ 部分空間の概念
- ◆ 開被覆
- ◆ コンパクト距離空間：可算開被覆から有限開被覆が選び出せる.
- ◆ (Tea Time) コンパクト性と，閉集合の有限交叉性
└─────────────────────────────────

コンパクト空間の定義

(X, d) を距離空間とし，S を X の部分集合とする. S の集積点の定義は，すでに第 14 講で与えてあるが，もう一度ここで思い出しておこう. S の集積点とは，S の中からとった無限点列によって近づくことのできる点であり，S に，S の集積点をすべてつけ加えたものが，S の閉包 $\bar{S}$ であった.

したがって，特に S が無限点列

$$S = \{x_1, x_2, \ldots, x_n, \ldots\} \quad (x_n \text{ は相異なる})$$

のときには，S の集積点 x とは，S から適当な部分点列

$$\{x_{i_1}, x_{i_2}, \ldots, x_{i_n}, \ldots\}$$

をとると，$x_{i_n} \to x \ (i_n \to \infty)$ が成り立つような点のことである.

【定義】 距離空間 (X, d) が次の性質 (C) をもつとき，X はコンパクトであるという：

(C) X から任意に無限点列をとったとき，この無限点列は X の中に必ず集積点をもつ.

この性質は，平面 (または直線上) の集合に対しては，第 5 講でくわしく述べてある. その場合には，コンパクト性 (C) をみたす集合は，有界な閉集合であった.

この定義に従っていい直せば，'距離空間 (X, d) が平面 (または直線上) の部分集合から得られているときには，X がコンパクト空間であるための必要かつ十分な条件は，X が有界な閉集合となることである'．

このコンパクト性の条件 (C) は

(C′) X の任意の無限集合は必ず X の中に集積点をもつ．

といい直しても，同じことであることを注意しておこう．実際，無限集合は必ず無限点列を含んでいるからである．

コンパクト空間と連続写像

【定理】 X をコンパクト距離空間，φ を X から Y の上への連続写像とする．このとき Y もコンパクトである．

この証明は，第 7 講で平面 (または直線上) のコンパクト部分集合のときに与えた証明と全く同様であるが，念のため記しておこう．

Y の無限点列 $\{y_1, y_2, \ldots, y_n, \ldots\}$ を任意にとる．この点列が集積点をもつことを示すとよい．φ によって，$y_1, y_2, \ldots, y_n, \ldots$ へと，それぞれ移されるような X の点を $x_1, x_2, \ldots, x_n, \ldots$ とする：$\varphi(x_n) = y_n$ $(n = 1, 2, \ldots)$．X はコンパクトだから，$\{x_1, x_2, \ldots, x_n, \ldots\}$ の適当な部分点列 $\{x_{i_1}, x_{i_2}, \ldots, x_{i_n}, \ldots\}$ をとると，$i_n \to \infty$ のとき，この部分点列は X のある点 x に収束する：$x_{i_n} \to x$ $(i_n \to \infty)$．したがって $y = \varphi(x)$ とおくと，φ の連続性によって

$$y_{i_n} = \varphi(x_{i_n}) \quad (i_n \to \infty) \longrightarrow y = \varphi(x)$$

となる．

したがって，y は $\{y_1, y_2, \ldots, y_n, \ldots\}$ の集積点であり，これで Y がコンパクトであることが示された． ∎

部 分 空 間

一般に距離空間 Y と，その部分集合 S が考えられたとき，Y 上に与えられた距離を，S の上だけに限って考えることにより，S はまた距離空間となる．このとき S は Y の部分空間であるという．

122   第 17 講　コンパクトな距離空間

いま，距離空間 X から Y への連続写像 φ が与えられているとする．このとき，X の像 $\varphi(X)$ は，Y の部分集合であって，したがって上の言葉を用いれば，$\varphi(X)$ は Y の部分空間をつくっていると考えることができる．これからの講義の中で，'X の像 $\varphi(X)$ は' というようないい方をするときには，いつでも $\varphi(X)$ は Y の部分空間として，距離空間になっているものと考えていることにする．また，φ は X から $\varphi(X)$ の上への写像となっていることも注意しておこう．

そうすると上の定理は，

> φ をコンパクト空間 X から Y への連続写像とする．このとき X の φ による像 $\varphi(X)$ はコンパクトである．

と述べることもできる．

開　被　覆

前講までにしだいに高められてきた観点に従えば，点列の収束よりは，むしろ開集合，閉集合という概念が，距離空間の前面に押し出されてきている．それではコンパクト性 (C) も，何か，開集合，閉集合という概念を用いていい表わすことができないだろうかということが問題となる．実際それは可能なのであるが，そのためにはまず開被覆という考えを導入しておかなくてはならない．

【定義】　距離空間 X の開集合の族 $\{O_\gamma\}_{\gamma \in \Gamma}$ が

$$X = \bigcup_{\gamma \in \Gamma} O_\gamma \tag{1}$$

をみたすとき，$\{O_\gamma\}_{\gamma \in \Gamma}$ を X の開被覆という．

この一般的な集合族を用いる定義は，少しわかりにくいかもしれない．$\Gamma = \{1, 2, \ldots, n\}$ のときには，(1) は $X = O_1 \cup O_2 \cup \cdots \cup O_n$ であって，このときは有限開被覆という．$\Gamma = \{1, 2, \ldots, n, \ldots\}$ のときには，(1) は $X = O_1 \cup O_2 \cup \cdots \cup O_n \cup \cdots$ であって，このことは可算開被覆という．

たとえば夏の浜辺を X とし，上空から見下すと，1000 個のビーチ・パラソルが，完全に浜辺を蔽っているような状況を考えてみると，$X = O_1 \cup O_2 \cup \cdots \cup O_{1000}$ の直観的な感じはわかる．このたとえでは，開いたビーチ・パラソルで蔽われている浜辺の部分が $O_1, O_2, \ldots, O_{1000}$ となっている．またビーチ・パラソルは，一

般には重なり合っているのである.

有限被覆性

距離空間 X に関する次のような条件を考えてみよう.

有限被覆性：可算開被覆 $\{O_1, O_2, \ldots, O_n, \ldots\}$ によって，X が

$$X = O_1 \cup O_2 \cup \cdots \cup O_n \cup \cdots$$

と蔽われているならば，この中からとった適当な有限個の $O_{i_1}, O_{i_2}, \ldots, O_{i_s}$ によって，すでに X は蔽われている：

$$X = O_{i_1} \cup O_{i_2} \cup \cdots \cup O_{i_s}$$

実は，すぐあとで示すように，有限被覆性が成り立つということと，コンパクト性 (C) が成り立つということとは，同値である. だが，それを示す前に有限被覆性が成り立たないのはどういうときか，その状況を少し検討しておこう.

平面全体を X とすると，X には有限被覆性は成り立たない. なぜかというと，半径 1 の円で平面を蔽うとすると，有限個では決して蔽えなくて，無限個の円をどうしても必要とするからである.

さて，平面 X を蔽う可算無限個の半径 1 の円，$O_1, O_2, \ldots, O_n, \ldots$ をとっておこう. この中から，どんなに有限個の円を取り出してみたところで，決してそれらで平面を蔽うことはできない，ということを銘記した上で，

$$B = \{(x, y) \mid x^2 + y^2 < 1\}$$

とおき，X から B への同相写像を φ とする. このような同相写像が存在することは，前講で示しておいた (118 頁，例 2). このとき $\tilde{O}_1 = \varphi(O_1), \tilde{O}_2 = \varphi(O_2), \ldots, \tilde{O}_n = \varphi(O_n), \ldots$ とおくと，これらは B の開集合であって

$$B = \tilde{O}_1 \cup \tilde{O}_2 \cup \cdots \cup \tilde{O}_n \cup \cdots$$

であるが，この中の有限個をとって B を蔽うことはできない. もし B がこれらの有限個で蔽えるならば，平面 X も，有限個の半径 1 の円で蔽えてしまうことになる！ $\tilde{O}_n$ は，n が大きくなるにつれ，しだいに半径が小さくなって，円周の近くに密集していく状況を呈してくる (図 65).

すなわち，単位円の内部 B も，有限被覆性の条件をみたしていない. 有限被覆性というのは，集合が単に有界の範囲にあるというだけでは，一般にはみたされ

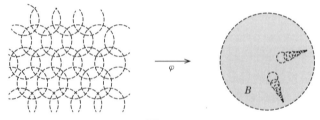

図 65

ないのである．

しかし，円周もこめて

$$\bar{B} = \{(x,y) \mid x^2 + y^2 \leqq 1\}$$

とおくと，$\bar{B}$ は今度は有限被覆性をもつ．この場合には，実際は，円周を蔽っている開被覆の中から有限個をとって，上の例で際限なく密集していく $\tilde{O}_n$ の先の方を，この開被覆の笠で蔽ってしまうことができるからである．$\bar{B}$ はコンパクトであることに注意しておこう (図 66)．

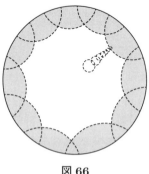

図 66

コンパクト性と有限被覆性

【定理】 距離空間 X がコンパクトとなるための必要十分条件は，X が有限被覆性をもつことである．

【証明】 必要性：X はコンパクトとする．背理法を用いるために，X は有限被覆性をみたしていないとする．このとき X の可算開被覆 $X = \bigcup_{n=1}^{\infty} O_n$ で，この中からとった有限個の O_n では決して X を蔽いつくせないものがある．したがって $O_1 \cup O_2 \cup \cdots \cup O_n$ $(n=1,2,\ldots)$ は，X と一致しないから，

$$x_n \notin O_1 \cup O_2 \cup \cdots \cup O_n \quad (n=1,2,\ldots)$$

という点がとれる．X はコンパクトだから，点列 $\{x_n\}$ は集積点 x_0 をもつ．すなわち，$\{x_n\}$ から適当な部分列をとると

$$x_{i_1}, x_{i_2}, \ldots, x_{i_n}, \ldots \longrightarrow x_0 \quad (i_n \to \infty)$$

となる. 一方, x_0 は, ある O_l には含まれている ($X = \bigcup O_n$!). O_l は x_0 の近傍だから, 十分先からの x_{i_n} はすべて O_l に含まれなくてはならない. このような番号 i_n を十分大きくとって, さらに $i_n > l$ となるようにしておく. x_{i_n} のとり方から

$$x_{i_n} \notin O_1 \cup O_2 \cup \cdots \cup O_l \cup \cdots \cup O_{i_n}$$

一方

$$x_{i_n} \in O_l \subset O_1 \cup O_2 \cup \cdots \cup O_l \cup \cdots \cup O_{i_n}$$

これは明らかに矛盾である. したがって X は, 有限被覆性をもつ.

十分性: これも背理法で示す. いま, X は有限被覆性はもつが, コンパクト性はもたないとする. このとき X の無限点列 $\{x_1, x_2, \ldots, x_n, \ldots\}$ で, 集積点を1つももたないものが存在する. したがって

$$F = \{x_1, x_2, \ldots, x_n, \ldots\}$$

は X の閉集合である (近づく点が1つもない!). F の補集合を O とおくと, このことから O は開集合であることがわかり, また

$$x_n \notin O \quad (n = 1, 2, \ldots)$$

各 x_n に対して, 十分小さい正数 ε_n を選んでおくと, $V_{\varepsilon_n}(x_n)$ の中には, x_n 以外には F の元が含まれないようにすることができる. (もしそうでないとすると, $\varepsilon_n \to 0$ としても $V_{\varepsilon_n}(x_n)$ の中には, x_n 以外の F の点が入ってきて, x_n は集積点となってしまう.)

そこで

$$O_n = V_{\varepsilon_n}(x_n) \quad (n = 1, 2, \ldots)$$

とおくと, X の開被覆

$$X = O \cup O_1 \cup O_2 \cup \cdots \cup O_n \cup \cdots$$

が得られるが, この中の有限個では X を蔽うことができない: どんなに有限個のものを選んでも, ある番号から先の x_n はこの中に含まれない. ($O \cup O_1 \cup \cdots \cup O_n$ の中には, $x_{n+1}, x_{n+2}, \ldots$ は含まれていない!) したがってこれは有限被覆性に反する. 背理法により, X はコンパクトでなくてはならない. ∎

Tea Time

 有限被覆性と有限交叉性

上の定理の証明をみると，背理法がうまく用いられていて，コンパクト性と有限被覆性は，同じものを，表と裏から眺めているような感じになる．この定理の重要さは，コンパクト性を，点列の収束を用いなくとも，開集合の言葉で述べることができるということを明らかにした点にある．

開集合の補集合は閉集合である (第 3 講，Tea Time)．また $X = O_1 \cup O_2 \cup \cdots \cup O_n \cup \cdots$ は補集合へ移ると

$$\phi = O_1{}^c \cap O_2{}^c \cap \cdots \cap O_n{}^c \cap \cdots$$

となる (ここでド・モルガンの規則を用いた)．したがって，$F_n = O_n{}^c$ とおくと，有限被覆性は，次のようにもいえることになる：

"閉集合の系列 $F_1, F_2, \ldots, F_n, \ldots$ が，

$$F_1 \cap F_2 \cap \cdots \cap F_n \cap \cdots = \phi$$

をみたしていると，この中から適当にとった有限個の $F_{i_1}, F_{i_2}, \ldots, F_{i_s}$ に対して

$$F_{i_1} \cap F_{i_2} \cap \cdots \cap F_{i_s} = \phi$$

が成り立つ"

実は，この対偶の方が，'有限交叉性' としてよく用いられる．

"閉集合の系列 $F_1, F_2, \ldots, F_n, \ldots$ が，その任意の有限個 $F_{i_1}, \ldots, F_{i_s}$ をとったとき，つねに $F_{i_1} \cap \cdots \cap F_{i_s} \neq \phi$ が成り立っているならば，実は

$$\bigcap_{n=1}^{\infty} F_n \neq \phi"$$

すなわち，X がコンパクトであるという性質は，閉集合を用いて，有限交叉性という性質でも捉えられるのである．

───◆────◆────◆────◆───

質問 有限被覆性をどのように使うのか，具体的な例を 1 つ示していただけませんか．

答 閉区間 $[a, b]$ はコンパクトだから，有限被覆性をもっている．いま，$[a, b]$ 上で定義された連続関数 $f(t)$ は，必ず有界であるという結果を示すのに，有限被覆

性を使ってみよう.

$$O_n = f^{-1}((-n, n)) \quad (n = 1, 2, \ldots)$$

とおくと, $(-n, n)$ は開集合で, f は連続だから, O_n は $[a, b]$ の開集合である. また

$$O_1 \subset O_2 \subset \cdots \subset O_n \subset \cdots \to [a, b]$$

したがって $[a, b] = \bigcup_{n=1}^{\infty} O_n$ である. 有限被覆性から, この中の有限個により

$$[a, b] = O_{i_1} \cup O_{i_2} \cup \cdots \cup O_{i_s}$$

と蔽うことができる.

$$k = \mathrm{Max}\{i_1, i_2, \ldots, i_s\}$$

とおくと,

$$-k < f(t) < k$$

である. これで f の有界性が示された.

第 **18** 講

連 結 空 間

テーマ

◆ 連結な距離空間：2つの開集合に分割されない空間

◆ 連結空間は連続写像によって，連結空間へ移る．

◆ 共通点のある連結空間の和集合は連結

◆ 連結空間の閉包は連結

◆ 連結成分

◆ 連結成分による空間の分解

◆ 弧状連結な空間は連結

◆ (Tea Time) 連結でも弧状連結とは限らない．

連 結 性

まず連結な距離空間の定義から出発しよう．

【定義】 距離空間 X が，空でない2つの開集合 O_1, O_2 によって

$$(\sharp) \quad X = O_1 \cup O_2 \quad (O_1 \cap O_2 = \phi)$$

と分解されないとき，連結であるという．

この定義は，平面 (または直線上) の集合に対して第9講で与えたものと全く同様である．一般の距離空間に対してそのまま拡張して述べたにすぎない．第9講でも注意したように，もし ($\sharp$) が成り立つならば，O_2 は O_1 の補集合として閉集合にもなっており，同様に O_1 は閉集合にもなっている．したがって X が連結であるという定義は，X が空でない閉集合 F_1, F_2 によって $X = F_1 \cup F_2$ と分解されないとき，といっても同じことである．

いずれにしても，連結性の定義が，'($\sharp$) が成り立たないとき' という，否定の形で述べられていることに，注意をしておく必要がある．したがって，空間 X が連結であることを示すには，($\sharp$) が成り立ったとして矛盾が生ずることを示せばよいことになる．連結性を証明するのに，このように背理法を用いるのが一般的

なのだが，それは定義そのものに由来しているのだということを覚えておくとよいだろう．

連続写像と連結性

連結性は，連続写像によって保たれる性質である．すなわち

【定理】 φ を連結空間 X から Y への連続写像とする．そのとき，$\varphi(X)$ は連結である．

ここで $\varphi(X)$ は Y の部分空間と考えている．この証明は，第 9 講で与えた，平面 (または直線) の連結集合のときの対応する定理の証明と，全く同様にできるので，くり返してここで述べることはやめておこう．ここでもし，細かい点で注意することがあるとすれば，φ は，X から $\varphi(X)$ への写像と考えても連続であるということであろう．しかしこのことは，$\varphi(X)$ の距離は，Y の距離を制限して考えているのだから，当然のことである．

連結空間の性質

距離空間 X の部分空間 S_1, S_2 が連結であって，$S_1 \cap S_2 \neq \phi$ ならば，和集合 $S_1 \cup S_2$ も連結である．

【証明】 $S_1 \cup S_2$ が連結でなかったとする．このとき

$$(\sharp)' \quad S_1 \cup S_2 = O_1 \cup O_2 \quad (O_1 \cap O_2 \neq \phi)$$

のように，$S_1 \cup S_2$ は，空でない 2 つの開集合 O_1, O_2 によって分解される．このとき

$$S_1 = (S_1 \cap O_1) \cup (S_1 \cap O_2)$$

となるが，$S_1 \cap O_1, S_1 \cap O_2$ は，S_1 の開集合となっているから，S_1 の連結性から，どちらか一方は空集合でなくてはならない．いま $S_1 \cap O_2 = \phi$ の方を仮定する．このとき $S_1 \subset O_1$ である．S_2 に対しても，$S_2 \subset O_1$ か，$S_2 \subset O_2$ となるが，$S_2 \subset O_1$ ならば $S_1 \cup S_2 = O_1$ となり，$O_2 \neq \phi$ に矛盾する．また $S_2 \subset O_2$ ならば

130　第 18 講 連 結 空 間

$S_1 \cap S_2 \subset O_1 \cap O_2 = \phi$ となり，仮定 $S_1 \cap S_2 \neq \phi$ に矛盾する．いずれにしても矛盾が導かれたから，$(\sharp)'$ は成り立たない．したがって $S_1 \cup S_2$ は連結である．∎

同じような証明で，次の結果が成り立つことも示すことができる．(証明は読者が試みられるとよい.)

(∗)　距離空間 X の部分空間の族 $\{S_\gamma\}_{\gamma \in \Gamma}$ が与えられて，次の 2 つの性質をみたしているとする．

(i)　各 S_γ は連結．

(ii)　すべての S_γ に共通に含まれている点 x_0 がある：$x_0 \in \bigcap_{\gamma \in \Gamma} S_\gamma$.

このとき，$\bigcup_{\gamma \in \Gamma} S_\gamma$ は連結である．

連結空間の閉包をとっても，また連結となっている．すなわち

(∗∗)　距離空間 X の部分空間 S が連結ならば，$\bar{S}$ もまた連結である．

【証明】　$\bar{S}$ が連結でないと仮定して矛盾を導こう．$\bar{S}$ が連結でないとすると
$$(\sharp)''\quad \bar{S} = O_1 \cup O_2 \quad (O_1 \cap O_2 = \phi)$$
と分解される．ここで O_1, O_2 は空でない．ところがこのとき
$$S \cap O_1 \neq \phi, \quad S \cap O_2 \neq \phi$$
が必ず成り立っているのである．なぜなら O_1 は $\bar{S}$ の点 x を含むが，O_1 は x の近傍だから，O_1 は必ず S の点を含んでいなくてはならないからである．($x \in \bar{S}$ は，$x \in S$ か，x は S の集積点であることを思い出してほしい.) したがって $S \cap O_1 \neq \phi$ である．同様に $S \cap O_2 \neq \phi$ も成り立つ．

したがって
$$S = (S \cap O_1) \cup (S \cap O_2)$$
は，S の空でない開集合による分解を与えるが，これは S の連結性に反する．これで証明された．∎

連 結 成 分

(∗) は，連結性のもつ非常に強い性質である．この性質から，一般の距離空間 X において，1 点の連結成分という概念が生まれてくる．

距離空間 X の1点 x をとる. x を含む X の連結な部分空間を考え, このようなもの全体を $\{S_\gamma\}_{\gamma \in \Gamma}$ とおこう. 各 S_γ は連結であって, また x を共通な元として含んでいる. したがって

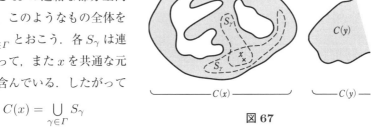

図 67

$$C(x) = \bigcup_{\gamma \in \Gamma} S_\gamma$$

とおくと, $(*)$ から $C(x)$ は x を含む連結集合となっている (図 67).

$C(x)$ は, 実は x を含む最大の連結な空間である. なぜなら, $C(x) \subseteq S$ となる連結な空間 S があれば, S は $\{S_\gamma\}_{\gamma \in \Gamma}$ の中の1つの S_γ となっているはずであり, したがって $S \subseteq C(x)$, すなわち $S = C(x)$ となっていなくてはならないからである.

このことから, $(**)$ をみると, $C(x)$ が閉集合となっていることがわかる. なぜなら, $\overline{C(x)}$ がまた x を含む連結な空間となっているから, $\overline{C(x)} = C(x)$ が成り立たなくてはならないからである.

$C(x)$ を x の連結成分という.

$C(x)$ に属さない点 y をとると,

$$C(x) \cap C(y) = \phi \tag{1}$$

である. なぜなら, $C(x) \cap C(y) \neq \phi$ ならば, $C(x) \cup C(y)$ が連結集合となって, $C(x)$ の最大性から $C(x) \cup C(y) = C(x)$ となり, $y \notin C(x)$ に反するからである.

したがってまた, $C(x), C(y)$ に属さない点 z をとると $C(z)$ は, $C(x)$ と $C(y)$ と共通点をもたない: $\{C(x) \cup C(y)\} \cap C(z) = \phi$.

このようにして, 空間 X は, 共通点のない連結成分に分解されていく. 実際には, かなり複雑な例があるのだが, さしあたっては, 距離空間は, 連結成分——1つの島——という概念によって, 離れ離れの小島からなっていると考えてよい.

弧状連結

2人の人が, それぞれ住んでいる家から他の家へ, 歩いて行くなり, 自動車な

りで行けるとすれば，2 人の人は，同じ島の中に住んでいると考えてよいだろう．

2 軒の家を結ぶ経路に相当するのは，連続曲線の概念である．すなわち，距離空間 X の任意の 2 点 x, y が与えられたとき，$[0,1]$ から X への連続写像 φ で，
$$\varphi(0) = x, \quad \varphi(1) = y$$
をみたすものを，x と y を結ぶ連続曲線という．

第 9 講で示したように，$[0,1]$ は連結だから，x と y を結ぶ連続曲線の像 $\varphi([0,1])$ もまた連結である．

【定義】 距離空間 X の任意の 2 点 x, y に対して，x と y を結ぶ連続曲線が必ず存在するとき，X を弧状連結であるという．

X を弧状連結な空間とし，X の 1 点 x_0 を 1 つ固定する．x_0 から，X の任意の点 y に行く連続曲線の像を W_y とする．直観的には，W_y は，X という地図の上に書かれた x と y を結ぶ道である．上の注意から W_y は連結である．ここで y をいろいろ動かして，このすべての道の集り
$$\bigcup_{y \in X} W_y$$
を考えると，この集合は明らかに X である．すべての W_y は x_0 を共通に含んでいることを考えて (*) をみると，結局次の結果が示されたことがわかる．

| 弧状連結な空間は連結である． |

これは予想されていた結果であった．

Tea Time

 連結成分が 1 点からなる空間

連結成分に空間を分けることは，空間を離れ小島の集りのようにみることであると書いたが，いつも海に点々と浮かぶ島のように想像されても困ることもあるので，注意しておく．たとえば数直線上の有理数全体からなる空間を X とすると，X の各点 x の連結成分は x だけである．連結という観点からみると，X は 1 点 1 点がばらばらな点からなっている．しかし，有理数は稠密に詰まっている．だからこのようなときには，点々として浮かぶ離れ小島というたとえは適切でな

くなってくる．一般に，有理数のつくる空間のように，各点の連結部分が1点だけからなるとき，完全非連結な空間という．

質問 弧状連結ならば連結ということはわかりましたが，逆はどうなのでしょうか．つまり僕がお聞きしたいのは，連結ならば弧状連結になるかということです．

答 一般には連結であっても弧状連結とは限らない．このような1つの例を，図68で示してある．図68の図は，周も入れた1辺が1の正方形に，縦線で書いてあるような無限の切り口を入れたものである．縦線は x 座標が $\frac{1}{n}$ のところに，交互に上と下から，$\frac{n-1}{n}$ の切り口をいれたものである．このとき点Pから，原点Oへ行く連続な道を見つけるわけにはいかない．なぜかというと，PとOを結ぶ

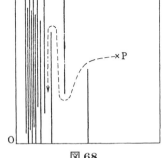

図68

連続曲線 $\varphi(\varphi(0) = \mathrm{P}, \varphi(1) = \mathrm{O})$ があったとすると，$t \to 1$ のとき，$\varphi(t)$ はいくらでもOに近づかなければならないが，$\varphi(t)$ は，いつまでも約1の振幅で上から下，下から上への進み方をくり返し続けるからである．

いま，図68で示した図形を X とすると，いま述べたことは X は弧状連結でないということである．X から正方形の周だけ除いたものを S としよう．そうすると今度は S は弧状連結となる．S の中の任意の2点は，有限回の上下をくり返す道によって必ず結べる！　したがって S は連結である．全体の X の中でみると，明らかに $\bar{S} = X$ である．したがって (**) から X は連結である．これで X が，連結だが弧状連結でない例を与えていることがわかった．

第 **19** 講

コーシー列と完備性

```
── テーマ ──────────────────────────
◆ コーシー列の定義：互いに近づき合っていく点列
◆ コーシー列の定義の検討：近さの一様性
◆ 距離の与える空間全体にわたる近さの一様性は，一般には同相写
　像では保たれない．
◆ 完備な距離空間：すべてのコーシー列が収束する空間
```

互いに近づき合う点列

(X, d) を距離空間とする．いま点列 $y_1, y_2, \ldots, y_n, \ldots$ が y に近づくとする．このとき

$$d(y_m, y_n) \leqq d(y_m, y) + d(y_n, y) \longrightarrow 0 \quad (m, n \to \infty)$$

により，m, n がどんどん大きくなると，$d(y_m, y_n)$ の値はいくらでも小さくなる．同じことをいい直すと，どんなに小さい正の数 ε をとっておいても，ある番号 k で $m, n > k$ ならば，$d(y_m, y_n) < \varepsilon$ となる．

すなわち点列 $\{y_n\}$ は，先に進むにつれて，互いに近づき合う様相を呈してくる．

コーシー列

この互いに近づき合うという性質だけに注目して，次の定義をおく．

【定義】　X の点列 $\{x_n\}$ $(n = 1, 2, \ldots)$ が，次の性質をみたすときコーシー列であるという．

任意の正数 ε に対して，ある番号 k が存在して

$$m, n > k \Longrightarrow d(x_m, x_n) < \varepsilon$$

【例】　X として，数直線上で，有理数だけからなる集合をとる．X の点列

$$x_1 = 1.4, \quad x_2 = 1.41, \quad x_3 = 1.414, \quad x_4 = 1.4142, \quad \dots$$

(一般に x_n としては，$\sqrt{2}$ の小数展開の小数点以下 n 位までをとる) を考える．$\{x_n\}$ はコーシー列であるが，X の点 (有理数！) には収束していない．

コーシー列の定義の検討

コーシー列の定義を，もう少し詳しく検討してみたい．コーシー列の定義で述べていることは，ある 1 つの列 $\{x_n\}$ をとっていえば次のようなことである．(以下で 1 つの例として ε, k にとってみた数には特別の意味はない．)

(a) $\varepsilon = \dfrac{1}{2}$ にとると，$m, n > 100$ のとき

$$d(x_m, x_n) < \frac{1}{2}$$

(b) $\varepsilon = \dfrac{1}{4}$ にとると，$m, n > 1000$ のとき

$$d(x_m, x_n) < \frac{1}{4}$$

(c) $\varepsilon = \dfrac{1}{8}$ にとると，$m, n > 100000$ のとき

$$d(x_m, x_n) < \frac{1}{8}$$

このような状況が $\varepsilon \to 0$ のとき生ずるのが，コーシー列であるが，こう書いてみても，定義を適当な ε と k で書き直しただけで，何も注意を払うことなどないようにみえる．そこで (a)，(b)，(c) の内容を，もう少し丁寧に書いてみよう．

(a) で述べていることは，たとえば

(a)$'$: $d(x_{200}, x_{302}) < \dfrac{1}{2}, \quad d(x_{300}, x_{500}) < \dfrac{1}{2}, \quad d(x_{1000}, x_{60000}) < \dfrac{1}{2}$

のようなことである．

(b) で述べていることは，たとえば

(b)$'$: $d(x_{10000}, x_{50000}) < \dfrac{1}{4}, \quad d(x_{6786521}, x_{2460000}) < \dfrac{1}{4}$

のようなことである．

(c) で述べていることは，たとえば

(c)$'$: $d(x_{100001}, x_{2058631}) < \dfrac{1}{8}, \quad d(x_{10000581}, x_{1000301021}) < \dfrac{1}{8}$

のようなことである．

このようにしてみると，コーシー列の定義の中には，実にたくさんの内容が含

まれていることがわかる.

しかし,実際注意したいのは,距離によって空間に近さの一様な規準が与えられており,それによって,コーシー列の定義に意味があるということである.以下ではそのことに触れてみよう.

距離によって与えられる近さの一様性

距離空間では,単に1点の近さが測られ,したがって1点 x の ε-近傍という概念——位相の概念——が導入されるだけではなくて,遠くに離れた点の近傍の大きさも比較できるのである.たとえば,私たちのごくふつうの経験の中でも,私の家から1kmの範囲にあるもの,大阪駅から1kmの範囲にあるもの,あるいは月面のある地点から1kmの範囲にあるものというときには,すべて同じ近さの中にあると考えることができるのである.空間のどんな遠くの点を想像しても,その点のまわり1kmの範囲といえば,その近さの範囲をはっきりと認識することができる.

すなわち,距離空間では,正数 ε が与えられると,空間全体にわたって各点の ε-近傍という近さの範囲が一様に決まってしまう.その意味で,距離は,空間全体にわたる近さの一様な規準を与えているのである.これは今まで触れなかった距離のもつ新しい観点である.

ところが,コーシー列の定義は,距離の与えるこの近さの一様性の考えに深くよっている.

(a)$'$ は,x_{200} からみても,x_{300} からみても,x_{1000} からみても x_n ($n > 100$) は,すべて $\frac{1}{2}$ 以内という一様な近さの中にあることを示している.

(b)$'$ は,x_{10000} からみても,$x_{6786521}$ からみても x_n ($n > 1000$) は,すべて $\frac{1}{4}$ 以内という一様な近さの中にあることを示している.

(c)$'$ は,x_{100001} からみても,$x_{10000581}$ からみても x_n ($n > 100000$) は,すべて $\frac{1}{8}$ 以内という一様な近さの中にあることを示している.

同相写像と近さの一様性

2つの距離空間 (X, d) と (Y, d') が同相であったとし,X から Y への同相写像

を φ とする．同相写像 φ で移り合うものは，各点における近さの概念である．2 つの空間における近さの一様な規準を保つことまで，φ に要求していない．

このことを示すもっとも端的な例は次の例である．

数直線上の開区間 $I = (-1, 1)$ と，数直線 $\boldsymbol{R}$ は，写像

$$\varphi: \quad y = \tan \frac{\pi}{2} x$$

によって同相となっている．

I と $\boldsymbol{R}$ には，それぞれ距離による近さの一様な規準があるが，しかし φ はこの近さの一様な規準を保っていない．たとえば I の各点 x に，x から長さが $\frac{1}{100}$ の近さの範囲 $V(x) = \left(x - \frac{1}{100}, x + \frac{1}{100}\right) \cap I$ を与えておこう．この一様な近さの範囲は，φ で $\boldsymbol{R}$ の方へ移すと完全に崩される．すなわち，$x \to 1$，または $x \to -1$ のとき，$V(x)$ という近さの範囲は，$y = \varphi(x)$ によって $\boldsymbol{R}$ の方へ移してみると，際限なく大きな範囲へ移されていく．したがって $\varphi(V(x))$ は，$\boldsymbol{R}$ に近さの一様な規準を与えていない．

逆に，$\boldsymbol{R}$ の各点 y に，長さ 1 の近さの範囲 $U(y)$ を指定しても，$y \to \pm\infty$ のとき，φ^{-1} による $U(y)$ の像は限りなく小さくなってしまって，I に近さの一様な規準など与えていない (図 69).

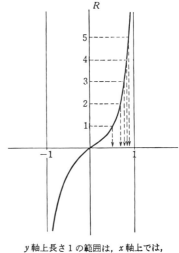

y 軸上長さ 1 の範囲は，x 軸上では，どんどん小さな範囲になる

図 69

コーシー列と同相写像

このようなことがあるので，X から Y への同相写像 φ によって，一般に X のコーシー列は，Y のコーシー列へ移されるとは限らない．

たとえば上の例で

$$\frac{1}{2}, \frac{2}{3}, \frac{3}{4}, \ldots, \frac{n-1}{n}, \ldots \tag{1}$$

は，$I = (-1, 1)$ のコーシー列であるが，
$$\varphi\left(\frac{1}{2}\right), \varphi\left(\frac{2}{3}\right), \varphi\left(\frac{3}{4}\right), \ldots, \varphi\left(\frac{n-1}{n}\right), \ldots$$
は，$\boldsymbol{R}$ では，無限大へ発散する点列となっている．

完備な距離空間

定義を述べる前に，コーシー列 $\{x_n\}$ がもし集積点をもつならば，集積点はただ 1 つに限ることを示しておこう．実際，適当な 2 つの部分点列をとって
$$x_{i_1}, x_{i_2}, \ldots, x_{i_n}, \ldots \longrightarrow x \quad (i_n \to \infty)$$
$$x_{j_1}, x_{j_2}, \ldots, x_{j_n}, \ldots \longrightarrow \tilde{x} \quad (j_n \to \infty)$$
になったとすると
$$d(x, \tilde{x}) \leqq d(x, x_{i_n}) + d(x_{i_n}, x_{j_n}) + d(x_{j_n}, \tilde{x})$$
$$\longrightarrow 0 \quad (i_n, j_n \to \infty)$$
となり，$d(x, \tilde{x}) = 0$ となって，$x = \tilde{x}$ が結論できるからである．したがってコーシー列の集積点は，もし存在すればただ 1 つであって，そのときコーシー列はその点に収束することになる．

【定義】 距離空間 (X, d) において，任意のコーシー列が，必ずある点に収束するとき，X を完備であるという．

第 3 講の結果を参照すると，$\boldsymbol{R}$ は完備な距離空間である．一方，開区間 $I = (-1, 1)$ では，コーシー列 (1) は収束する点がないから，完備でない．すなわち，$\boldsymbol{R}$ と I は同相であるが，一方は完備であり，一方は完備ではない．

このことからも，完備性は，単に各点のまわりの近さの状況だけではなくて，空間全体にわたる近さの一様な規準に関係していることがわかる．

Tea Time

質問 以前読んだ微分積分の教科書中に，一様連続という言葉が出てきましたが，それはここで述べられた近さの一様性と関係することなのですか．

答 ここで君のいっている一様連続とは次のことだと思う．数直線上のある範囲で定義された連続関数 $y = f(x)$ が，この範囲で一様連続というのは，どんな正数 ε をとっても，ある正数 δ があって，この範囲に属するどんな x, x' をとっても，$|x - x'| < \delta$ が成り立っていさえすれば $|f(x) - f(x')| < \varepsilon$ が必ず成り立つということである．すなわち，考えている範囲の中で，近さの一様な規準 δ をとっておくと，この近さの規準の δ-範囲は，必ず f によって ε-以内に移される．この意味で，一様連続性とは，近さの一様な規準を保つことまで要求する性質だといってよい．少し程度の高い微積分の本には'閉区間 $[a, b]$ 上で定義された連続関数は，一様連続である'という定理がのっている．この定理は，開区間ではもう成り立たない．$y = \tan \frac{\pi}{2} x$ は，上でみたように，$(-1, 1)$ 上で一様連続ではない．

なお，距離空間 (X, d) から (Y, d') への写像 φ に対しても，一様連続という概念を導入することはできる．それには，どんな正数 ε をとっても，ある正数 δ が存在して，いつでも

$$d(x, x') < \delta \implies d'(\varphi(x), \varphi(x')) < \varepsilon$$

が成り立つとき，φ は一様連続であるといえばよい．x と x' は，距離が δ 以内でありさえすれば，空間のどこにあってもよいという所に，一様性があるのである．一様連続な写像によって，コーシー列はコーシー列へと移される．

第 **20** 講

完備な距離空間

┌─ テーマ ──────────────────────────────┐

◆ 完備な距離空間の例

◆ R, R^n, R^∞ は完備

◆ $C[0,1]$ は完備

◆ コンパクトな距離空間は完備

◆ ベールの定理：完備な距離空間では，稠密な開集合列の共通部分
  はまた稠密となるという性質がある.
  この性質をベールの性質という.

└────────────────────────────────────┘

完備な距離空間の例

まず一般に次のことを注意しておこう.

┌────────────────────────────────────┐

(X,d) を完備な距離空間とすると，X の閉集合 F は (部分空間と
して) また完備な距離空間となる.

└────────────────────────────────────┘

このことをみるには，F のコーシー列 $\{x_n\}$ は，もちろん X の中のコーシー
列となっており，したがって，X の完備性から，ある点 x が存在して $x_n \to x$
$(n \to \infty)$ となっている. しかし，F は閉集合だから，$x \in F$ であることに注意
するとよい.

(I) 数直線 R は完備である (第 4 講，32 頁参照). したがって閉区間 $[a,b]$ も
また完備である.

(II) 平面 R^2，一般に n 次元ユークリッド空間 R^n は完備である.

それをみるために，R^n のコーシー列

$$x^{(1)}, x^{(2)}, \ldots, x^{(s)}, \ldots, x^{(t)}, \ldots$$

をとる. $x^{(s)} = (x_1^{(s)}, \ldots, x_n^{(s)})$, $x^{(t)} = (x_1^{(t)}, \ldots, x_n^{(t)})$ とすると

$$|x_i^{(s)} - x_i^{(t)}| \leqq \sqrt{(x_1^{(s)} - x_1^{(t)})^2 + \cdots + (x_n^{(s)} - x_n^{(t)})^2}$$
$$= d(x^{(s)}, x^{(t)})$$

したがって，$d(x^{(s)}, x^{(t)}) \longrightarrow 0 \ (s, t \to \infty)$ から $i = 1, 2, \ldots, n$ に対し

$$|x_i^{(s)} - x_i^{(t)}| \longrightarrow 0 \quad (s, t \to \infty)$$

が成り立つ．すなわち $\{x^{(s)}\}$ の各座標成分はコーシー列となっている．したがって各 i-座標成分は，x_i に収束する：

$$x_i^{(s)} \longrightarrow x_i \quad (s \to \infty)$$

このとき $x = (x_1, x_2, \ldots, x_n)$ とおくと，

$$x^{(s)} \longrightarrow x$$

が成り立つ．すなわち $\mathbf{R}^n$ は完備である．

(III)　$\mathbf{R}^\infty$ も完備である．

これは第 13 講，'$\mathbf{R}^\infty$ のとき' の項を参照すると，上と同様に示すことができる．

(IV)　$C[0, 1]$ は完備である．

$C[0, 1]$ は，第 12 講で導入してある．区間 $[0, 1]$ で定義された連続関数列 $\{f_n(t)\}$ が，$C[0, 1]$ の中でコーシー列をつくるとは，$m, n \to \infty$ のとき

$$d(f_m, f_n) = \operatorname*{Max}_{0 \leqq t \leqq 1} |f_m(t) - f_n(t)| \longrightarrow 0$$

となることである．$[0, 1]$ の任意の点 t に注目すると

$$|f_m(t) - f_n(t)| \leqq d(f_m, f_n) \longrightarrow 0 \quad (m, n \to \infty)$$

だから，実数列 $\{f_1(t), f_2(t), \ldots, f_n(t), \ldots\}$ はコーシー列である．したがって，このコーシー列の収束する実数が存在する．この実数を $f(t)$ とおこう．このようにして各 $t \in [0, 1]$ に対して，実数 $f(t)$ が定まる．この $f(t)$ は実は連続関数となり，

$$d(f_n, f) \longrightarrow 0 \quad (n \to \infty)$$

となる．したがって $C[0, 1]$ は完備である．

f が連続関数となることは，不等式

$$|f(t) - f(t')| \leqq |f(t) - f_n(t)| + |f_n(t) - f_n(t')| + |f_n(t') - f(t')|$$
$$\leqq \lim_{m \to \infty} d(f_m, f_n) + |f_n(t) - f_n(t')| + \lim_{m \to \infty} d(f_n, f_m)$$

と，f_n の連続性からわかる．(右辺の第 1 項，第 3 項は，n を大きくとると，いくらでも小さくなることに注意.)

142　第 20 講　完備な距離空間

コンパクト空間の完備性

> コンパクトな距離空間は完備である.

(X, d) をコンパクトな距離空間とし, $\{x_n\}$ をコーシー列とする. $\{x_n\}$ がある番号から先 $x_{n+1} = x_{n+2} = \cdots = x$ となっていれば, もちろん $x_n \to x$ である. そうでないときには, 集積点 x をもつ. 前に注意したように, コーシー列が集積点をもつとすればただ 1 つであり, これが $\{x_n\}$ の収束する先となっている. したがって

$$x_n \longrightarrow x \quad (n \to \infty)$$

であり, X は完備である.

ベールの定理

完備な距離空間のもつもっとも著しい性質は, 次の定理によって示されている性質である.

【定理】 (X, d) を完備な距離空間とし, X の開集合の系列 $O_1, O_2, \ldots, O_n, \ldots$ は,

$$\bar{O}_n = X \quad (n = 1, 2, \ldots)$$

をみたしているとする. このとき

$$\overline{\bigcap_{n=1}^{\infty} O_n} = X$$

が成り立つ.

この定理の中で述べられている性質をベールの性質という. ベールはフランスの数学者 R. L. Baire (1874–1932) の名前である.

一般に, X の部分集合 S は, $\bar{S} = X$ をみたすとき, 稠密であるという. この言葉を用いれば, ベールの性質とは, 可算個の稠密な開集合が与えられたとき, その共通部分もまた稠密である, と述べることができる.

定理を証明する前に, 完備という条件をおかなければ, ベールの性質は一般には成り立たないことを注意しておこう. そのような例として, 有理数のつくる空

間 Q をとる．Q は R の部分空間として考えている．Q は完備ではない．さて，Q は可算集合だから $\{r_1, r_2, \ldots, r_n, \ldots\}$ と番号をつけて並べることができる．このとき

$$O_1 = \{r_2, r_3, \ldots, r_n, \ldots\}$$
$$O_2 = \{r_3, r_4, \ldots, r_n, \ldots\}$$
$$\cdots\cdots$$
$$O_n = \{r_{n+1}, r_{n+2}, \ldots\}$$
$$\cdots\cdots$$

は，開集合であって，各 O_n は Q から有限個の点を除いただけだから，明らかに $\bar{O}_n = Q$ である．しかし

$$\bigcap_{n=1}^{\infty} O_n = \phi$$

だから，もちろんベールの性質は成り立たない．

ベールの定理の証明

ベールの定理を証明しよう．

それには X の任意の1点 x_0 をとったとき，すべての正数 ε に対して

$$(*) \quad V_\varepsilon(x_0) \cap \left(\bigcap_{n=1}^{\infty} O_n\right) \neq \phi$$

が成り立つことを示せば十分である．なぜなら ε の任意性から，

$$x_0 \in \overline{\bigcap_{n=1}^{\infty} O_n}$$

が得られ，x_0 は任意の点でよかったから，結局

$$X = \overline{\bigcap_{n=1}^{\infty} O_n}$$

が示されたことになるからである．

$(*)$ の証明：$\bar{O}_1 = X$ により，$y_1 \in O_1$ で

$$d(x_0, y_1) < \frac{\varepsilon}{2}$$

をみたすものが存在する．O_1 は開集合だから $\varepsilon_1 > 0$ を十分小さくとっておくと，$\varepsilon_1 < \frac{\varepsilon}{2}$ で，かつ

$$V_{\varepsilon_1}(y_1) \subset O_1$$

となるようにできる．

$\bar{O}_2 = X$ により, $y_2 \in O_2$ で
$$y_2 \in V_{\varepsilon_1}(y_1)$$
をみたすものが存在する. O_2 は開集合だから, $\varepsilon_2 > 0$ を十分小さくとっておくと, $\varepsilon_2 < \dfrac{\varepsilon_1}{2}$ で
$$\overline{V_{\varepsilon_2}(y_2)} \subset V_{\varepsilon_1}(y_1) \cap O_2$$
となるようにできる.

以下同様にして, 順次点列 $y_1, y_2, \ldots, y_n, \ldots,$ および正数列 $\varepsilon_1, \varepsilon_2, \ldots, \varepsilon_n, \ldots$ を選んで
$$y_n \in O_n, \quad \varepsilon_n < \dfrac{\varepsilon_{n-1}}{2}$$
$$V_{\varepsilon_n}(y_n) \subset O_n, \quad V_{\varepsilon_n}(y_n) \supset \overline{V_{\varepsilon_{n+1}}(y_{n+1})}$$
が成り立つようにできる (図70).

このようにして得られた点列 $\{y_n\}$ はコーシー列である. 実際, $m, n > k$ ならば $y_m, y_n \in V_{\varepsilon_k}(y_k)$ であり, したがって
$$d(y_m, y_n) \leqq d(y_m, y_k) + d(y_k, y_n)$$
$$< 2\varepsilon_k \longrightarrow 0 \quad (k \to \infty)$$
となるからである.

X は完備だから, 点列 $\{y_n\}$ は X の 1 点 y に収束する. 点列 $\{y_n\}$ の構成の仕方から
$$y \in \overline{V_{\varepsilon_{n+1}}(y_{n+1})} \subset V_{\varepsilon_n}(y_n)$$
が $n = 1, 2, \ldots$ で成り立つから,
$$y \in \bigcap_{n=1}^{\infty} V_{\varepsilon_n}(y_n) \subset \bigcap_{n=1}^{\infty} O_n \quad (1)$$
である.

一方
$$y \in V_\varepsilon(x_0) \tag{2}$$
である. なぜなら
$$d(x_0, y) \leqq d(x_0, y_1) + d(y_1, y) < \dfrac{\varepsilon}{2} + \dfrac{\varepsilon}{2} = \varepsilon$$
となるからである.

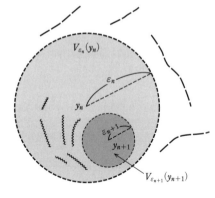

———— O_n に属さない点
〰〰〰 O_{n+1} に属さない点

図 70

(1) と (2) によって，(∗) が成り立つことがわかる． ∎

Tea Time

 $\tilde{C}[0,1]$ は完備ではない．

第 12 講で，区間 $[0,1]$ 上で定義された連続関数に，距離
$$d_1(f,g) = \int_0^1 |f(t) - g(t)| dt$$
を導入して，距離空間 $\tilde{C}[0,1]$ を考えた．この空間 $\tilde{C}[0,1]$ は完備ではない．たとえば，$n = 1, 2, \ldots$ に対して

$$f_n(t) = \begin{cases} 0, & 0 \leq t \leq \dfrac{1}{2} - \dfrac{1}{n+2} \\ (n+2)\left(x - \dfrac{1}{2} + \dfrac{1}{n+2}\right), & \dfrac{1}{2} - \dfrac{1}{n+2} \leq t \leq \dfrac{1}{2} \\ 1, & t \geq \dfrac{1}{2} \end{cases}$$

によって定義された連続関数列 f_n は，$\tilde{C}[0,1]$ の中のコーシー列である．しかし f_n は $\tilde{C}[0,1]$ の中では収束していない．このことは，図 71 から明らかであろう．

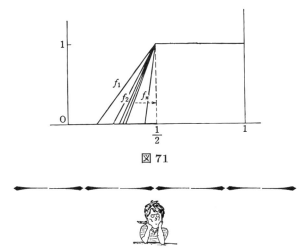

図 71

質問 細かいことかもしれませんが，気がつきましたので質問してみたくなりま

146　第 20 講　完備な距離空間

した. 前講では, 完備という性質は, 位相だけの性質ではなくて, 距離のもつ近さの一様性に深くかかわっているというお話でした. しかし, ここでのお話では, コンパクト空間はいつも完備になるということです. 空間がコンパクトであるという性質は, 同相写像で保たれる位相的な性質で, 距離のとり方によらない性質です. これはどのように理解したらよいのでしょうか.

答　空間がコンパクトであるという性質は, 非常に強い性質なのである. したがって空間がコンパクトであれば, そこに (同じ位相を与える) どんな距離をいれてみても, 完備という性質が現われてくるのである. こういっても, 答にはならないかもしれない. 実際は, 位相とは別に一様位相という考えがあって, コンパクトという位相的な性質は, 実は必然的に空間に, 一様位相——近さの一様な規準——を与えているということを示す理論がある. それは一様位相空間論というものである. それに触れないので, 質問に対する答は, 何か中途半端になってしまった.

第 **21** 講

ベールの性質の応用

テーマ

◆ ベールの性質のいいかえ：内点をもたない閉集合列の和集合は，
全空間と一致しない．

◆ 各点で微分不可能な連続関数

◆ ワイエルシュトラスの関数

◆ バナッハの証明：$C[0, 1]$ が完備な距離空間で，したがって，ベールの性質をもつことを用いる．

ベールの性質のいいかえ

前講で述べたベールの性質とは，空間 X の開集合列 $O_1, O_2, \ldots, O_n, \ldots$ が与えられたとき

$$\bar{O}_n = X \ (n = 1, 2, \ldots) \Longrightarrow \overline{\bigcap_{n=1}^{\infty} O_n} = X$$

が成り立つということであった．

この性質を，$O_1, O_2, \ldots, O_n, \ldots$ の補集合をとることによりいい直してみよう．

$$F_1 = O_1{}^c, \quad F_2 = O_2{}^c, \quad \cdots, \quad F_n = O_n{}^c, \quad \cdots$$

とおくと，$F_1, F_2, \ldots, F_n, \ldots$ は，それぞれ開集合の補集合として閉集合となっている．

このとき $\bar{O}_n = X$ という性質は，次のようにいいかえられる．

$$\bar{O}_n = X \iff F_n \text{ は内点をもたない．}$$

このことを説明してみよう．内点の定義は第 13 講で与えてある．それによると，F_n が内点をもたないということは，任意の点 $x \in F_n$ をとったとき，どんな小さい正の数 ε をとっても

$$V_\varepsilon(x) \not\subset F_n = O_n{}^c$$

ということであり，同じことであるが
$$V_\varepsilon(x) \cap O_n \neq \phi \quad (\varepsilon > 0) \tag{1}$$
ということである．O_n に属さない点 x に対してつねに (1) が成り立つということは，とりも直さず $\bar{O}_n = X$ が成り立つということである．

$\bigcap_{n=1}^{\infty} O_n$ の補集合は $\bigcup_{n=1}^{\infty} F_n$ であることに注意すると，同様に

$$\overline{\bigcap_{n=1}^{\infty} O_n} = X \iff \bigcup_{n=1}^{\infty} F_n \text{ は内点をもたない．}$$

したがってベールの性質は次のようにいいかえて述べることができる．

ベールの性質：内点をもたない閉集合の系列 $F_1, F_2, \ldots, F_n, \ldots$ が与えられたとき，和集合
$$\bigcup_{n=1}^{\infty} F_n$$
も内点をもたない．

前講で証明したように，完備な距離空間はベールの性質をみたしている．したがって特に次のことが成り立つことがわかった．

完備な距離空間 X で，内点をもたない閉集合の系列 $F_1, F_2, \ldots, F_n, \ldots$ が与えられたとき
$$\bigcup_{n=1}^{\infty} F_n \neq X$$

各点で微分不可能な連続関数

区間 $[0,1]$ で定義された連続関数で，微分可能でない関数は，図 72 で示すようにいくらでも存在する．グラフの尖った点の所で，これらの関数は微分できない．しかし，これらの関数は，これら有限個の尖点以外では滑らかで微分可能である．

それでは，$[0,1]$ の各点で微分できないような連続関数は存在するのだろうか．1870 年代に，ワイエルシュトラス

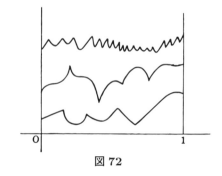

図 72

は，各点で微分不可能な連続関数の例をつくってみせて，当時の数学界を驚かせた．ワイエルシュトラスの与えた例は，次のような関数である．

$$f(x) = \sum_{n=0}^{\infty} a^n \cos(b^n \pi x)$$

ただし $0 < a < 1$, b は奇数で $ab > 1 + \frac{3}{2}\pi$ とする．この関数は連続であるが，どの点 x をとっても

$$\lim_{h \to 0} \frac{f(x+h) - f(x)}{h} = \pm\infty$$

となって，微分不可能であることが示される．（この証明は容易でない．証明を知りたい人は，雑誌『数学セミナー』1984 年 6 月号に掲載されている，笠原晧司氏によるこれに関する解説，または吉田耕作『19 世紀の数学 解析学 I』(共立出版) を参照されるとよい.)

　しかし，1931 年にポーランドの数学者バナッハは，$C[0,1]$ が完備な距離空間であり，したがってベールの性質をもつことから，このような関数が実は非常にたくさん存在することを示し，再び世界の数学界を驚かせたのである．ベールの性質は，これ以来注目を浴び，解析学に多くの応用をもつようになった．

バナッハの証明

　バナッハは，$n = 2, 3, 4, \ldots$ に対して，$C[0,1]$ の閉集合 F_n を次のように定義した．

　F_n は，$0 \leqq t \leqq 1 - \frac{1}{n}$ をみたす少なくとも 1 つの $t = t_0$ に対して，不等式

$$|f(t_0 + h) - f(t_0)| \leqq n|h| \tag{2}$$

が，すべての $0 < h \leqq 1 - t_0$ で成り立つような連続関数 f 全体からなる．

　この F_n が実際閉集合となっていることは証明しなくてはならない．

　そのためには，$f_i \in F_n$ $(i = 1, 2, \ldots)$, $f_i \to g$ $(i \to \infty)$ のとき，$g \in F_n$ を示せばよい．

　各 f_i に対してある $t_0^{(i)}$ が存在して

$$|f_i(t_0^{(i)} + h) - f_i(t_0^{(i)})| \leqq n|h|$$

が，すべての $0 < h \leqq 1 - t_0^{(i)}$ で成り立つ；ここで $0 \leqq t_0^{(i)} \leqq 1 - \frac{1}{n}$. 必要な

らば部分点列をとればよいから、はじめから $i \to \infty$ のとき、$t_0^{(i)}$ はある点 s_0 に収束するとしてよい。明らかに $0 \leqq s_0 \leqq 1 - \dfrac{1}{n}$ である。

このとき

$$|g(s_0+h) - g(s_0)| \leqq |g(s_0+h) - f_i(s_0+h)| + |f_i(s_0+h) - f_i(t_0^{(i)}+h)|$$
$$+ |f_i(t_0^{(i)}+h) - f_i(t_0^{(i)})| + |f_i(t_0^{(i)}) - g(t_0^{(i)})| + |g(t_0^{(i)}) - g(s_0)|$$
$$\leqq d(g, f_i) + |f_i(s_0+h) - f_i(t_0^{(i)}+h)|$$
$$+ n|h| + d(f_i, g) + |g(t_0^{(i)}) - g(s_0)|$$

ここで第 1 項, 第 4 項は, $f_i \to g\ (i \to \infty)$ により, $i \to \infty$ のとき 0 に近づく. 第 5 項は g の連続性から, $i \to \infty$ のとき 0 に近づく. 第 2 項は, この項と $|g(s_0+h) - g(t_0^{(i)}+h)|$ との差がいくらでも小さくなることと, g の連続性から, やはり $i \to \infty$ のとき 0 に近づくことがわかる.

したがって

$$|g(s_0+h) - g(s_0)| \leqq n|h| \quad (0 < h \leqq 1 - s_0)$$

がいえて、$g \in F_n$ のことがわかった。

さらに次のことがいえる。

> F_n は内点をもたない.

【証明】 $f \in F_n$ を任意にとる。このとき図 73 のグラフで示されているような関数 h をとる。h は勾配が n を越す折れ線として表わされる関数である。h は明らかに (2) をみたしていない。したがって $h \notin F_n$ であるが、h は f にいくらでも近くとれる。すなわち、どんな小さい正数 ε をとっても $h \in V_\varepsilon(f)$ となる h がある。このことは、f が F_n の内点でないことを示している。f は F_n の任意の元でよかったから、これで証明された。 ∎

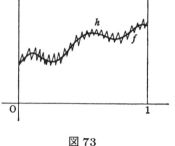

図 73

$C[0,1]$ はベールの性質をもつ。したがって $\bigcup_{n=1}^{\infty} F_n$ に属さない $f_0 \in C[0,1]$

が存在する．

> f_0 は各点で微分不可能な連続関数である．

【証明】 f_0 は，どのような自然数 n，またどのような点 t $(0 \leqq t < 1)$ をとっても，必ずある h があって

$$|f_0(t+h) - f_0(t)| > n|h| \tag{3}$$

という性質をもっている．

f_0 が，もし $0 \leqq t_0 < 1$ をみたすある点 t_0 で微分可能であったとして矛盾を導こう．

微分の定義から，正数 ε_0 を十分小さくとると

$$|h| \leqq \varepsilon_0 \Longrightarrow |f_0(t_0+h) - f_0(t_0)| \leqq |h|\left(\left|f_0{}'(t_0)\right|+1\right)$$

が成り立つ．一方

$$|h| > \varepsilon_0 \Rightarrow |f_0(t_0+h) - f_0(t_0)| = \varepsilon_0 \frac{|f_0(t_0+h) - f_0(t_0)|}{\varepsilon_0}$$
$$< \varepsilon_0 \frac{2K}{\varepsilon_0} < |h|\frac{2K}{\varepsilon_0}$$

である：ここで $K = \mathrm{Max}\,|f_0(t)| + 1$ とおいた．ゆえに自然数 n を，$|f'(t_0)|+1$ および $\dfrac{2K}{\varepsilon_0}$ より大にとれば，すべての h に対して

$$|f_0(t_0+h) - f_0(t_0)| \leqq n|h|$$

となり，(3) に反する結果となる．これで矛盾が得られた．

$t_0 = 1$ でも，少し証明を補正すれば，微分可能性の仮定から同じような矛盾が導かれる．

これで $f_0 \in C[0,1]$ が，各点で微分不可能な連続関数であることがわかり，バナッハの証明が完了した． ∎

Tea Time

質問 バナッハの証明はわかりましたが，ベールの性質を用いてなぜこのように

152 第 21 講 ベールの性質の応用

簡明に証明できたのかの理由が，まだ十分納得できません．もう少し説明を補足
していただけませんか．

答 私たちが，微分不可能な連続関数をグラフで表示しようとすると，図 73 のよ
うに，有限個の点で‘とげ’をもつ関数を書くだけで，それ以上は進めない．‘と
げ’をどんどん増していっても，区間 $[0,1]$ の至る所で‘とげ’(微分不可能な点)
をもつようなグラフなど想像できないのである．逆にいえば，そこにグラフ表示
の限界があるともいえる．$C[0,1]$ の完備性は，その限界を乗り越えて，‘とげ’が
どんどん増えていったときの極限の状態にある関数の存在を保証しているのであ
る．バナッハの証明は，その論点をベールの性質を通して，見事につかまえ，結
晶させたものであるといってよい．

もう少し説明を加えると，$C[0,1]$ の完備性は次のように働くのである．たとえ
ば実数は完備である．私たちは 1 辺の長さが 1 の正方形を描いて，その対角線を
精密に測り続けると，しだいに

$$1,\ 1.4,\ 1.41,\ 1.414,\dots$$

という有限小数の系列が得られる．これは $C[0,1]$ の中で‘とげ’の数を順次増し
てグラフをかいていく状況に似ている．しかし誰もこの究極のところにある無限
小数

$$1.4142135\cdots$$

をかきつくすわけにはいかない．この無限小数の最後まで誰も見た人はいないの
だが，この無限小数の存在は実数の完備性によって保証されている (次講参照)．
同じように‘とげ’を増していったときの究極のグラフは誰も見た人はいないの
だが，$C[0,1]$ の完備性によってその存在が保証されているのである．

第**22**講

完　備　化

テーマ

◆ 有理数のコーシー列

◆ 有理数の完備化が実数

◆ 任意の距離空間 (X, d) は完備な距離空間 $(\tilde{X}, \tilde{d})$ の稠密な部分空間となる.

◆ $(\tilde{X}, \tilde{d})$ を (X, d) の完備化という.

◆ $(\tilde{X}, \tilde{d})$ の構成：(X, d) のすべてのコーシー列を同値類にわける. この同値類が，コーシー列の収束する‘理想的な点’を表わすと考える.

有理数のコーシー列

有理数全体 $\boldsymbol{Q}$ は完備ではないが，実数 $\boldsymbol{R}$ は完備である．$\sqrt{2}$ は有理数ではないが，無限小数

$$1.4142135\cdots \tag{1}$$

は実数の中で存在して，$x^2 = 2$ をみたす正の数 $\sqrt{2}$ を表わしている．この無限小数 (1) の見方を少し変えてみよう．

$$a_1 = 1, \ a_2 = 1.4, \ a_3 = 1.41, \ a_4 = 1.414, \ \ldots \tag{2}$$

という有理数の系列を考えると，$m, n > k$ のとき

$$|a_m - a_n| < \frac{1}{10^k}$$

であって，したがって $k \to \infty$ のとき $|a_m - a_n| \to 0$ である．すなわち数列 (2) は有理数 $\boldsymbol{Q}$ の中のコーシー列である．(1) はこのコーシー列の極限を表わしていると考えられる．

このようにみると，無限小数は有限小数のコーシー列の極限と考えられ，有限小数のつくるコーシー列によって，実数が得られていると考えることもできる．

154 第22講 完 備 化

完 備 化

一般に距離空間 (X, d) が与えられたとき，(X, d) から完備化という操作によって，新しい距離空間 $(\tilde{X}, \tilde{d})$ をつくることができる．ここで $\tilde{X}$ は完備な距離空間である．

この完備化という操作は，有理数の空間 $\boldsymbol{Q}$ から，完備な実数の空間 $\boldsymbol{R}$ を得る方法——有限小数から無限小数へ——の一般化であるとみることができる．

さて，$(\tilde{X}, \tilde{d})$ は次の性質をもつ．

(a) $(\tilde{X}, \tilde{d})$ は完備な距離空間である．

(b) (X, d) は，$(\tilde{X}, \tilde{d})$ の部分空間となっている．

(c) $\bar{X} = \tilde{X}$.

少し説明を加えておくと，(b) は，$X \subset \tilde{X}$ であって，かつ $\tilde{X}$ の距離 $\tilde{d}$ は，x, $y \in X$ に対しては d と一致して $\tilde{d}(x, y) = d(x, y)$ となるということである．(c) は X は $\tilde{X}$ の中で稠密であり，したがって $\tilde{X}$ の任意の元 $\tilde{x}$ に対して，必ず X の点列 $x_1, x_2, \ldots, x_n, \ldots$ で，$\tilde{x}$ に収束するものがとれることを意味している．

このとき

$$x_n \longrightarrow \tilde{x} \quad (n \to \infty)$$

だから，点列 $\{x_n\}$ は X の中でのコーシー列になっている．$\tilde{x} \notin X$ の場合には，このコーシー列は X の中では収束する先の点をみつけることができないが，$\tilde{X}$ まで空間を広げて考えると，収束する点 $\tilde{x}$ が存在するということになっている．

以下で，$(\tilde{X}, \tilde{d})$ の構成法の大筋を述べるが，(X, d) が与えられたとき，(a), (b), (c) をみたす空間は，本質的にはただ1つしか存在しない．$(\tilde{X}, \tilde{d})$ を (X, d) の完備化，あるいは (X, d) を完備化して得られた空間という．

コーシー列と完備化

距離空間 (X, d) から完備化 $(\tilde{X}, \tilde{d})$ を得る操作は，前にも述べたように，有理数の空間 $\boldsymbol{Q}$ から実数 $\boldsymbol{R}$ を構成する操作の一般化だから，$\boldsymbol{Q}$ から $\boldsymbol{R}$ へ移る過程を，もう少し詳しく調べておこう．

$\sqrt{2}$ は，有理数のコーシー列

$$1, \ 1.4, \ 1.41, \ 1.414, \ 1.4142, \ \ldots \tag{3}$$

の極限であるが，$\sqrt{2}$ に近づく有理数のコーシー列はこのほかにもたくさんある．たとえば，上の系列 (3) の末位に 1 を加えたもの

$$2, \ 1.5, \ 1.42, \ 1.415, \ 1.4143, \ \ldots$$

や，0 に近づく有理数を加えたり引いたりしたもの

$$1+1, \ 1.4+\frac{1}{2}, \ 1.41+\frac{1}{3}, \ 1.414+\frac{1}{4}, \ 1.4142+\frac{1}{5}, \ \ldots$$

$$1-1, \ 1.4-\frac{1}{2}, \ 1.41-\frac{1}{2^2}, \ 1.414-\frac{1}{2^3}, \ 1.4142-\frac{1}{2^4}, \ \ldots$$

などは，すべて $\sqrt{2}$ に近づく，有理数のコーシー列である．

$\sqrt{2}$ に近づく，有理数のコーシー列は無限にある．もちろんこの中でもっとも標準的なものと考えられるのは，$\sqrt{2}$ の小数展開を順次求めていく (3) である．しかし，(3) のような標準的なコーシー列がとれるのは，実数の中に 10 進法が存在するからである．

一般の距離空間への考察へ移るためには，この実数の中にある 10 進法のような特別な設定は捨てなくてはならない．そうすると，残る概念はコーシー列だけである．この観点に立てば，$\sqrt{2}$ に近づくコーシー列は，どれがよいコーシー列で，どれが悪いコーシー列かなどという見方は消えてしまう．ただ，これらのコーシー列がすべて共通な極限 (それはもう有理数ではないが)$\sqrt{2}$ へ近づくという性質をもつということだけが問題となる．

共通な極限へ近づくコーシー列

それでは，有理数しか知らない人が，有理数の 2 つのコーシー列

$$a_1, a_2, a_3, \ldots, a_n, \ldots$$

$$b_1, b_2, b_3, \ldots, b_n, \ldots$$

が与えられたとき，この 2 つの系列が同じ極限値 (たとえば $\sqrt{2}$) へ近づくかどうかということを判定できるだろうか．

これについては次のことがいえる．

156　第22講　完　備　化

> $\{a_n\}$, $\{b_n\}$ を有理数のコーシー列とする. $\{a_n\}$, $\{b_n\}$ が $\boldsymbol{R}$ の中で考えて, $n \to \infty$ のとき同じ値に収束するための必要かつ十分な条件は
> $$|a_n - b_n| \longrightarrow 0 \quad (n \to \infty) \tag{4}$$
> が成り立つことである.

【証明】 $\displaystyle \lim_{n \to \infty} a_n = \lim_{n \to \infty} b_n = x$ ならば
$$|a_n - b_n| \leqq |a_n - x| + |x - b_n| \longrightarrow 0 \quad (n \to \infty)$$
である.

逆に, $|a_n - b_n| \longrightarrow 0 \ (n \to \infty)$ が成り立つとする. $\boldsymbol{R}$ は完備だから, $\boldsymbol{R}$ の中で考えればコーシー列 $\{a_n\}$, $\{b_n\}$ はそれぞれ実数 x, y に収束する. このとき, (4) によって
$$|x - y| \leqq |x - a_n| + |a_n - b_n| + |b_n - y|$$
$$\longrightarrow 0 \quad (n \to \infty)$$
となる. すなわち $x = y$ が示されて, これで証明が終った. ∎

条件 (4) が, 有理数の中だけで述べられていることが重要なのである.

前の話に戻れば, 任意の実数, たとえば $\sqrt{2}$ は, 有理数のコーシー列
$$a_1 = 1, \quad a_2 = 1.4, \quad a_3 = 1.41, \quad a_4 = 1.414, \quad \ldots$$
だけではなくて, この $\{a_n\}$ と (4) の条件をみたしているようなすべてのコーシー列 $\{b_n\}$ によって, 得られているのである.

もっと一般的な立場で, 有理数のコーシー列の方を主体としていえば次のようになる. 2つの有理数のコーシー列 $\{a_n\}$, $\{b_n\}$ は, (4) の条件をみたすとき, 同じ実数を規定している. そして, 実数全体は, このような有理数のコーシー列の同値類 ((3) の条件をみたすものを等しいと考えたもの) 全体からなっていると考えられる.

完備化の概略

上の説明をもとにして, 与えられた距離空間 (X, d) から, 完備化 $(\tilde{X}, \tilde{d})$ をどのように構成するかの概略を述べておこう.

距離空間 (X, d) が与えられたとき, X のコーシー列

$$\boldsymbol{x} = \{x_n\}$$

を考える. 2つのコーシー列 $\boldsymbol{x} = \{x_n\}$, $\boldsymbol{y} = \{y_n\}$ は

$$d(x_n, y_n) \longrightarrow 0 \tag{5}$$

のとき, 同値であるといい, $\boldsymbol{x} \sim \boldsymbol{y}$ で表わす. 同値なコーシー列の全体は1つの 'もの' を表わすと考えて, $\tilde{\boldsymbol{x}}$ とおく. $\tilde{\boldsymbol{x}}$ は, いわばコーシー列 $\{x_n\}$ が近づくと考えられる '理想的な点' である.

このような $\tilde{\boldsymbol{x}}$ の全体を $\tilde{X}$ とおく. $\tilde{X}$ の2つの元 $\tilde{\boldsymbol{x}}$, $\tilde{\boldsymbol{y}}$ の間の距離 $\tilde{d}$ を次のように定義する. $\tilde{\boldsymbol{x}}$, $\tilde{\boldsymbol{y}}$ を表わすコーシー列を $\{x_n\}$, $\{y_n\}$ としたとき

$$\tilde{d}(\tilde{\boldsymbol{x}}, \tilde{\boldsymbol{y}}) = \lim_{n \to \infty} d(x_n, y_n)$$

$\tilde{d}(\tilde{\boldsymbol{x}}, \tilde{\boldsymbol{y}}) = 0$ という条件が, ちょうど右辺をみると (5) に対応していることがわかり, したがって $\tilde{\boldsymbol{x}} = \tilde{\boldsymbol{y}}$ である. $\tilde{d}$ は, $\tilde{X}$ 上の距離を与えている.

X の元 a に対して

$$\boldsymbol{a} = \{a, a, \dots, a, \dots\}$$

とおくと (足踏みしている点列!), $\boldsymbol{a}$ は X のコーシー列で, したがって $\tilde{\boldsymbol{a}}$ は $\tilde{X}$ の元である. $\boldsymbol{a}$ と $\tilde{\boldsymbol{a}}$ を同一視することにより, X は $\tilde{X}$ の中に含まれていると考えてよい.

$\tilde{\boldsymbol{a}}, \tilde{\boldsymbol{b}} \in X$ に対して, $\boldsymbol{a} = \{a, a, \dots\}$, $\boldsymbol{b} = \{b, b, \dots\}$ だから

$$\tilde{d}(\tilde{\boldsymbol{a}}, \tilde{\boldsymbol{b}}) = d(a, b)$$

が成り立つことは明らかであろう. このことは

$$
\begin{array}{ccc}
X & \longrightarrow & \tilde{X} \\
\cup & & \cup \\
a & \longrightarrow & \tilde{\boldsymbol{a}}
\end{array}
$$

という1対1対応で, 距離が保たれることを示している.

$\tilde{\boldsymbol{x}} \in \tilde{X}$ が, $\boldsymbol{x} = \{x_1, x_2, \dots, x_n, \dots\}$ と表わされているとき,

$$\tilde{d}(\tilde{\boldsymbol{x}}, \tilde{\boldsymbol{x}}_n) = \lim_{m \to \infty} d(x_m, x_n)$$

である. $\boldsymbol{x}$ がコーシー列であったことに注意すると, これから

$$\lim_{n \to \infty} d(\tilde{\boldsymbol{x}}, \tilde{\boldsymbol{x}}_n) = 0 \tag{6}$$

が得られる. ($\boldsymbol{x}_n = (x_n, x_n, \dots, x_n, \dots)$ に注意.) すなわち, $\tilde{\boldsymbol{x}}$ は, 'X の点列' $\tilde{\boldsymbol{x}}_1, \tilde{\boldsymbol{x}}_2, \dots, \tilde{\boldsymbol{x}}_n, \dots$ の極限となっている. したがって

158 第22講 完 備 化

$$\bar{X} = \tilde{X}$$

がいえた.

$\tilde{X}$ の完備性は, 次のようにして証明される.

$$\boldsymbol{x}^{(1)} = (x_1{}^{(1)}, x_2{}^{(1)}, \ldots, x_n{}^{(1)}, \ldots)$$
$$\boldsymbol{x}^{(2)} = (x_1{}^{(2)}, x_2{}^{(2)}, \ldots, x_n{}^{(2)}, \ldots)$$
$$\cdots\cdots\cdots\cdots$$
$$\boldsymbol{x}^{(s)} = (x_1{}^{(s)}, x_2{}^{(s)}, \ldots, x_n{}^{(s)}, \ldots)$$
$$\cdots\cdots\cdots\cdots$$

の表わす $\tilde{X}$ の点列

$$\tilde{\boldsymbol{x}}^{(1)}, \tilde{\boldsymbol{x}}^{(2)}, \ldots, \tilde{\boldsymbol{x}}^{(s)}, \ldots$$

が $\tilde{X}$ のコーシー列であったとする.

このとき, まず, 各 $s = 1, 2, \ldots$ に対して

$$\tilde{d}(\tilde{\boldsymbol{x}}^{(s)}, \tilde{\boldsymbol{x}}_{n_s}{}^{(s)}) < \frac{1}{s}$$

であるような番号 n_s を選ぶ. このようなことができるのは, (6) が成り立っているからである. $\tilde{\boldsymbol{x}}_{n_s}{}^{(s)} \in X$ に注意して

$$\boldsymbol{y} = (x_{n_1}{}^{(1)}, x_{n_2}{}^{(2)}, \ldots, x_{n_s}{}^{(s)}, \ldots) \tag{7}$$

とおく. $\boldsymbol{y}$ は X のコーシー列である.

なぜなら

$$d(x_{n_s}{}^{(s)}, x_{n_t}{}^{(t)}) = \tilde{d}(\tilde{\boldsymbol{x}}_{n_s}{}^{(s)}, \tilde{\boldsymbol{x}}_{n_t}{}^{(t)})$$
$$\leq \tilde{d}(\tilde{\boldsymbol{x}}^{(s)}, \tilde{\boldsymbol{x}}_{n_s}{}^{(s)}) + \tilde{d}(\tilde{\boldsymbol{x}}^{(s)}, \tilde{\boldsymbol{x}}^{(t)}) + \tilde{d}(\tilde{\boldsymbol{x}}^{(t)}, \tilde{\boldsymbol{x}}_{n_t}{}^{(t)})$$
$$\longrightarrow 0 \quad (s, t \to \infty)$$

が成り立つからである. ここで $\{\tilde{\boldsymbol{x}}^{(s)}\}$ がコーシー列のことを用いた.

したがって $\tilde{\boldsymbol{y}} \in \tilde{X}$ である.

(7) から (6) を参照して

$$\tilde{\boldsymbol{y}} = \lim_{t \to \infty} \tilde{\boldsymbol{x}}_{n_t}{}^{(t)}$$

が成り立つ. したがって

$$\lim_{s \to \infty} d(\tilde{\boldsymbol{x}}^{(s)}, \tilde{\boldsymbol{y}}) = \lim_{s \to \infty} \lim_{t \to \infty} \tilde{d}(\tilde{\boldsymbol{x}}^{(s)}, \tilde{\boldsymbol{x}}_{n_t}{}^{(t)})$$
$$\leq \lim_{s \to \infty} \lim_{t \to \infty} \left\{ \tilde{d}(\tilde{\boldsymbol{x}}^{(s)}, \tilde{\boldsymbol{x}}^{(t)}) + \tilde{d}(\tilde{\boldsymbol{x}}^{(t)}, \tilde{\boldsymbol{x}}_{n_t}{}^{(t)}) \right\}$$

$$\leq \lim_{s\to\infty}\lim_{t\to\infty}\left\{\tilde{d}(\tilde{\boldsymbol{x}}^{(s)},\tilde{\boldsymbol{x}}^{(t)})+\frac{1}{t}\right\}$$
$$=0$$

ここで $\{\tilde{\boldsymbol{x}}^{(s)}\}$ がコーシー列であることをもう一度用いた．この式は

$$\lim_{s\to\infty}\tilde{\boldsymbol{x}}^{(s)}=\tilde{\boldsymbol{y}}$$

を示し，したがって，コーシー列 $\{\tilde{\boldsymbol{x}}^{(s)}\}$ は $\tilde{\boldsymbol{y}}$ に収束する．これで $\tilde{X}$ が完備であることが示された．

Tea Time

質問 区間 $[0,1]$ 上の連続関数全体の集合に，距離
$$d_1(f,g)=\int_0^1 |f(t)-g(t)|dt$$
を導入して得られる距離空間 $\tilde{C}[0,1]$ は，完備ではなかったのですが，この完備化はどのような空間になるのですか．

答 講義で述べた抽象的な完備化の操作を，このような具体的な空間の場合に考えてみようとすると，空々漠々としてつかみ所がない．$\tilde{C}[0,1]$ のコーシー列 $\{f_n\}$ の収束する先におく'理想的な点' $\boldsymbol{f}$ に対して，何かもっと具体的な意味を付したくなる．たとえば有理数 $\boldsymbol{Q}$ の完備化 $\boldsymbol{R}$ も，単に $\boldsymbol{Q}$ のコーシー列の同値類というだけではなくて，数直線上の点として実現されている．'どのような空間になるのか' という君の質問の趣旨は，完備化された空間が，どのような具体的な空間として実現されているかを問うているものと思う．

このような観点に立って，$\tilde{C}[0,1]$ の完備化された空間を求めようとすると，ルベーグ積分の考えにつながってくる．$\tilde{C}[0,1]$ の完備化は，やはりある関数のつくる空間と考えられ，そしてそこに拡張された距離は，ルベーグ積分とよばれるもので定義されたものとなっている．ただし，コーシー列の同値類という概念は，収束する先の'理想的な点'が1つの関数を指定しなくなって，'ほとんどいたる所等しい' 関数は，同じものであると考える考え方を導くことになる．ルベーグ積分の本を開いてみると，$L^1[0,1]$ と書かれた空間をみつけることができるかもしれないが，これが $\tilde{C}[0,1]$ の完備化した空間である．

第 **23** 講

距離空間から位相空間へ

--- テーマ ---
◆ 距離空間のもつ性質：近傍の分離性と近傍の可算性
◆ 近傍の分離性をもたない位相空間の例
◆ 近傍の可算性をもたない位相空間の例
◆ '近さ' の概念は一般には距離だけでは規定されない.
◆ 距離空間から位相空間へ

距離で測れない近さ

'近さ' という概念は，必ずしも距離だけで測られるとは限らない.

ごく日常的な例からはじめよう．ある道筋に沿って，ずっと家が並んでいるとする．この家並みにある O という 1 軒の家は，2 階建で，1 階と 2 階には，P という人と Q という人が別々に住んでいるとする．P も，Q も，自分の家に近い家並みというときには，2 人とも同じものを考えている．こういう状況のときには，数学でモデル化しても，P と Q の近さの感じを，距離でいい表わせないのである.

それは距離空間には次の性質があるからである.

> (**分離性**) 距離空間 (X, d) の異なる 2 点 x, y に対して，x と y のある近傍 $V(x)$, $V(y)$ が存在して
> $$V(x) \cap V(y) = \phi$$

この距離空間のもつ性質は次のように示される．$d(x, y) = \delta$ とする．$\delta > 0$ である．このとき明らかに
$$V_{\frac{\delta}{3}}(x) \cap V_{\frac{\delta}{3}}(y) = \phi$$
が成り立つ.

さて、上に述べた日常的な例を、数直線上の連続的なモデルにおきかえてみると次のようになる。数直線 $\boldsymbol{R}$ 上の原点 O の所に点 P をおき、O から (y 軸方向の) 高さ 1 の所に点 Q をおく。考える空間は $X = \boldsymbol{R} \cup \{Q\}$ である。$\boldsymbol{R}$ にはふつうの'近さ'を導入しておく。点 Q の ε-近傍とは

$$V_\varepsilon(Q) = (-\varepsilon, 0) \cup \{Q\} \cup (0, \varepsilon)$$

とする。そうすると、どんな正数 ε に対しても

$$V_\varepsilon(P) \cap V_\varepsilon(Q) \neq \phi$$

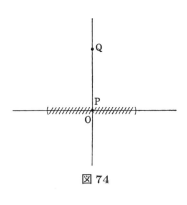

図 74

となって、上に述べた分離性をみたさない。空間 X では、点列 $1, \frac{1}{2}, \frac{1}{3}, \ldots, \frac{1}{n}, \ldots$ は $n \to \infty$ のとき、P に近づくと同時に Q にも近づいている。このような空間 X の'近さ'を、距離空間の立場から捉えることはできない。

可 算 性

距離空間 (X, d) の各点 x のまわりの近さに規準を与えるものとして、次の意味で、可算個の近傍をとることができる。

> (**可算性**) 距離空間 (X, d) の各点 x に対して、可算個の近傍 $U_1(x), U_2(x), \ldots, U_n(x), \ldots$ が存在して、x の任意の近傍 $V(x)$ に対して、ある n をとると
> $$V(x) \supset U_n(x)$$
> が成り立つ。

この距離空間の性質は、たとえば x の近傍として、$n = 1, 2, \ldots$ に対して

$$U_n(x) = \left\{ y \,\middle|\, d(x, y) < \frac{1}{n} \right\}$$

とおくことにより確かめられる。明らかに

$$\bigcap_{n=1}^{\infty} U_n(x) = \{x\}$$

である.

　数学で登場する空間の中には，近さの概念は入っているが，この可算性をみたさないものが存在する．このような1つの例を述べておこう．

　いま半閉区間 $[1,\infty)$ で定義された連続関数全体の集合 $C[1,\infty)$ を考える．$C[1,\infty)$ の各点 f の近さの1つの規準を与える近傍として次の形のものをとる.

　任意の 0 に収束する単調減少列
$$\boldsymbol{\mu}: \quad \mu_1 > \mu_2 > \mu_3 > \cdots > \mu_n > \cdots \to 0$$
に対し
$$V_\mu(f) = \{g \mid t \in [n, n+1) \text{ のとき } |f(t) - g(t)| < \mu_n\}$$
(図 75 参照).

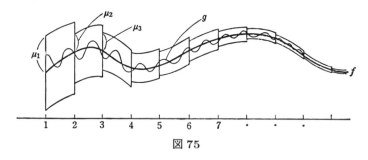

図 75

　図からもわかるように，$V_\mu(f)$ に属する g をとってみると，$t \to \infty$ のとき，$f(t)$ と $g(t)$ はしだいに近接し合う状況となっている．

　このような $V_\mu(f)$ を f の近傍と考えることにより，$C[0,\infty)$ に，確かにある近さの感じは入るのであるが，これは，距離空間のもつ可算性をもっていない．

　それは数列に関する次の結果によっている．

　可算個の 0 に収束する単調減少列
$$\boldsymbol{\mu}^{(1)}: \quad \mu_1^{(1)} > \mu_2^{(1)} > \cdots > \mu_n^{(1)} > \cdots \to 0$$
$$\boldsymbol{\mu}^{(2)}: \quad \mu_1^{(2)} > \mu_2^{(2)} > \cdots > \mu_n^{(2)} > \cdots \to 0$$
$$\cdots\cdots\cdots\cdots$$
$$\boldsymbol{\mu}^{(s)}: \quad \mu_1^{(s)} > \mu_2^{(s)} > \cdots > \mu_n^{(s)} > \cdots \to 0$$
$$\cdots\cdots\cdots\cdots$$

を任意にとったとき，このどれよりも速く 0 に収束する単調減少な数列 $\boldsymbol{\mu}$ が存

在する.

このことから，f の可算個の近傍 $V_{\mu^{(1)}}(f), V_{\mu^{(2)}}(f), \ldots, V_{\mu^{(3)}}(f), \ldots$ をどんなにとっても，この中のどれも中に含んでいないような $V_\mu(f)$ が存在することが結論されてしまうのである.

直 積 空 間

第 12 講で，距離空間の例として $\boldsymbol{R}^\infty$ について述べておいた．$\boldsymbol{R}^\infty$ は，$\boldsymbol{R}$ の可算個の直積である.

『集合への 30 講』を読まれた読者ならば，もっと濃度の高い直積集合の場合はどうなるだろうかと考えられるだろう．たとえば γ が，区間 $[0, 1]$ の点をわたるとき，集合族 $\{\boldsymbol{R}_\gamma\}_{\gamma \in [0,1]}$ の直積集合

$$\prod_{\gamma \in [0,1]} \boldsymbol{R}_\gamma$$

にどのような近さをいれたらよいか，またこの空間は距離空間となるかということが問題となる．しかし，このような大きな集合になると，最も自然と思われる近さの概念をこの直積集合に導入したとき，これは距離空間にはならなくなってくる．上に述べた距離空間のもつ可算性が成り立たなくなってくるからである.

距離空間から位相空間へ

このように，数学に現われる '近さ' の概念は，必ずしも距離によって記述できるとは限らない．したがって，近さというものを数学の立場でよりよく理解するためには，距離によらないような概念で，近さを調べることのできる道を用意しておかなくてはならない．2 つの距離空間が同相であったとき，距離は必ずしも保たれなかったが，開集合や，閉集合や，閉包の概念は保たれていた．すなわち，これらの概念は，点列が近づくという性質が 2 つの空間で対応し合っている限り，保たれるのである.

このことは，開集合や閉集合や閉包の概念を，まず空間の '近さ' を調べる最初の出発点として採用したらどうかということを示唆しているようにみえる．実際，この方向に従って，20 世紀初頭に，位相空間論が誕生してきたのである.

これについては，次講から述べるが，距離空間をみなれた目には，位相空間論

の出発点は，あまりにも抽象化されて，取りつきにくいようにみえるかもしれない．この段階で 1 つだけ注意しておくことは，距離空間を生んだ母胎は，数直線上の長さという考えにあったが，位相空間論を生んだ母胎は，むしろ集合概念の中にあったということである．

Tea Time

高速道路をゆっくり走る自動車

Tea Time には，やはり気楽な話がよいかもしれない．いま，高速道路を走っている自動車が故障して，スピードを落としてノロノロ運転をはじめたとする．この自動車に向かって，後方からどんどんほかの自動車が近づいてくる．一方，この自動車の前を走っている車は，高速で走っているから，一瞬のうちに視界から消えていく．絶対追いつけないという意味では，10 m 前を走っている車も，1 km 前を走っている車も，同じように遠くにある．すなわち，この故障車を中心において考えれば，後からこの車に近づけるが，(相対的にいって) 前の方から近づいてくる車はないのである．

数直線の各点が，さながらこの故障車のように，左からは近づけるが，右からは絶対に近づけないような性質をもつように，数直線上に新しい近さの概念を導入することができる．それは，数直線の各点 $P = P(a)$ に対して，ε-近傍として

$$W_\varepsilon(a) = (a - \varepsilon, a]$$

を採用するのである．$x_n \to a \ (n \to \infty)$ というのは，いつものように，任意の正数 ε に対して，ある番号 k が決まって $n > k \Longrightarrow x_n \in W_\varepsilon(a)$ のことと決めておくと，a に近づく点列は常に左から a に近づくことになる．a の少しでも右にある点は，どんな $W_\varepsilon(a)$ にも含まれていないという意味で，a から限りないほど遠いのである．

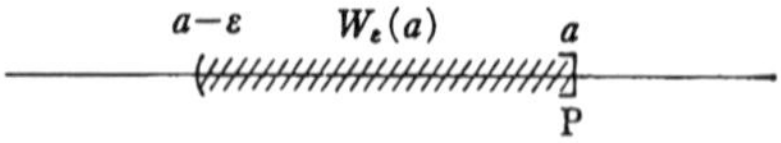

図 76

どのような距離を導入してみても，この数直線上の'左からだけの近さ'を距離によっていい表わすことはできない．(この証明は少し準備がいるので省略する．)したがって，'左からだけの近さ'をもつ数直線は距離空間ではないのである．

質問 講義の最後で，集合といわれたので思ったのですが，どんな集合にも距離を考えることはできるのでしょうか．

答 どんな集合にも距離をいれることはできる．たとえば
$$d(x,y) = \begin{cases} 0, & x = y \text{ のとき} \\ 1, & x \neq y \text{ のとき} \end{cases}$$
とおくとよい．ただこの距離は，各点を離れ小島と思ったような距離で，実質的な有効性には乏しい．近傍にしても，ε を 1 より小さい正数とすると
$$V_\varepsilon(x) = \{x\}$$
となってしまう．したがって $x_n \to x \ (n \to \infty)$ といってみても，ある番号から先の x_n が x に等しくなるといっているにすぎないのである．

第 24 講

位 相 空 間

テーマ

◆ 位相空間：集合と開集合族
◆ 近傍の定義
◆ 閉集合：開集合の補集合
◆ 閉包：S の閉包は，S を含む最小の閉集合
◆ 閉包の基本的な性質

位相空間の登場

　直線，平面の '近さ' から出発して，距離空間を通ってきた長い旅も，いよいよ，抽象的な位相空間論へ到達することによって，あと数講で終りを迎えることになった．

　ここで，考える対象は，全く抽象的な集合 X である．2 点間の長さを測るなどという考えはひとまず忘れてしまおう．また数直線のような考えも忘れてしまおう．

　抽象的な集合 X に，今まで距離空間に対して述べてきた '近さ' に関するいろいろな考察が同様にできるような，何か '近さ' に付随する概念構成を可能にする道はあるだろうか．その手がかりは，X の部分集合の中に，開集合に相当するものを指定することによって得られるかもしれない．

　そこで，位相空間に関する最も基本的な，次の定義が登場する．

【定義】　集合 X に，次の性質をもつ部分集合の族 $\mathcal{O}$ が与えられたとき，X を位相空間という．

(O1)　$O_\gamma \in \mathcal{O}$　$(\gamma \in \Gamma)$ を $\mathcal{O}$ の中からとった集合族とする．このとき

$$\bigcup_{\gamma \in \Gamma} O_\gamma \in \mathcal{O}$$

(O2)　$O_1, O_2 \in \mathcal{O}$ ならば $O_1 \cap O_2 \in \mathcal{O}$

(O3) $X \in \mathcal{O}$

(O4) $\phi \in \mathcal{O}$

部分集合族 $\mathcal{O}$ に属する集合を，X の開集合という．

(O1) から (O2) までの性質は，距離空間における開集合の基本的な性質として，第 13 講ですでに述べたものである．そのときは，2 点間の距離を与える距離関数 d がまず与えられ，それから生み出される概念として，ε-近傍，開集合などが得られ，その性質が調べられたのであった．

この定義で述べていることは，そのとき得られた開集合の性質 (O1) から (O4) を，今度はまず，最初に檜舞台に登場させようというのである．この檜舞台は抽象数学とよばれる舞台であって，舞台の素材は集合である．

位相空間 $(X, \mathcal{O})$ とよばれるものの中に用意されているのは，(O1) から (O4) までの性質をみたす部分集合の集りしかない．この部分集合に開集合という名前を与えたからといって，私たちに，集合 X に何か‘近さ’らしいものが入ったと納得させるようなものは，この定義をみる限り何もないだろう．

それでは，この定義の中に私たちの感覚に訴えるようなものが全然何もないかといえば，それも正しくないようである．なぜかというと，私たちはこの定義を生む背景にある直線や平面や，また距離空間の開集合の姿を，この定義の奥に，はっきりと感じとっているからである．

論理の形式の中にはどうにも盛りこむことのできない，この抽象と具象との間をつなぐ，私たちの感性の中にある微妙な往き来を，立ち止まって少し感じとってもらわないと，位相空間論の理論全体の立つ場所を見失うおそれがある．

近　　傍

位相空間 $(X, \mathcal{O})$ が与えられたとする．(以下では開集合族 $\mathcal{O}$ を書くのを省略して，位相空間 X ということもある．)

【定義】 $x \in X$ に対し，x を含む開集合 O を x の開近傍という．また X の部分集合 V が

$$x \in O \subset V \quad (O \in \mathcal{O})$$

をみたすとき，V を x の近傍という．

168　第24講　位 相 空 間

すなわち，x のある開近傍を中に含んでいるような集合を x の近傍というのである．

一般に，X の任意の部分集合 S に対して，S の開近傍，近傍を同じように定義できる：S を含む開集合を S の開近傍といい，ある開集合 O をとると $S \subset O \subset V$ という関係をみたす V を S の近傍という．

どんな点 $x \in X$ をとっても，x の近傍は存在する．それは，全空間 X が (O3) により開集合であり，したがって X が確かに x の近傍となっているからである．

x の近傍という以上，全空間 X 以外にも近傍がなくては，話がはじまらないと思う読者も多いだろう．しかし，位相空間を，極度に抽象化した定義から出発したために，全空間 X 以外には，近傍は１つもないという位相空間は存在するのである．そのような位相空間は，開集合族 $\mathcal{O}$ として，ϕ と X，2つだけとって得られる位相空間である．開集合の条件 (O3)，(O4) をみると，$\mathcal{O} = \{\phi, X\}$ とするのは，開集合族として最小限のものであることがわかる．しかしこれで確かに，(O1) から (O4) までみたしているのである．

位相空間の枠組の中には，このような近さについての‘話がはじまらない’ような，極端な例も含まれていることは，注意しておく必要がある．

閉 集 合

【定義】　X の部分集合 F の補集合が開集合となっているとき，F を閉集合という．すなわち

$$F \text{ が閉集合} \Longleftrightarrow F^c \in \mathcal{O} \tag{1}$$

閉集合全体のつくる部分集合族を $\mathscr{F}$ で表わす．$\mathscr{F}$ は次の性質をもつ．

(F1)　$F_\gamma \in \mathscr{F} \ (\gamma \in \Gamma)$ を $\mathscr{F}$ の中からとった集合族とする．このとき
$$\bigcap_{\gamma \in \Gamma} F_\gamma \in \mathscr{F}$$

(F2)　$F_1, F_2 \in \mathscr{F}$ ならば $F_1 \cup F_2 \in \mathscr{F}$

(F3)　$X \in \mathscr{F}$

(F4)　$\phi \in \mathscr{F}$

この性質は，(1) により，開集合のもつ性質を補集合の方へいい直すことによって得られる．たとえば (F2) は次のように示される．

$$F_1, F_2 \in \mathscr{F} \Longleftrightarrow F_1{}^c, F_2{}^c \in \mathcal{O} \quad ((1) \text{ による})$$
$$\Longrightarrow F_1{}^c \cap F_2{}^c \in \mathcal{O} \quad ((\text{O2}) \text{ による})$$
$$\Longleftrightarrow (F_1{}^c \cap F_2{}^c)^c \in \mathscr{F} \quad ((1) \text{ による})$$
$$\Longleftrightarrow (F_1{}^c)^c \cup (F_2{}^c)^c = F_1 \cup F_2 \in \mathscr{F} \quad (\text{ド・モルガンの規則})$$

同じように，(F1) は (O1) をいいかえたものである．(F3) は (O4) をいいかえたものであり，(F4) は (O3) をいいかえたものである．

この (F1) から (F4) までの性質は，距離空間の場合には，閉集合の性質として第 13 講で述べたものとなっている．

閉　　　包

【定義】 X の部分集合 S に対して，S の閉包 $\bar{S}$ を，次の性質をもつ点 x の全体として定義する：

(*)　x のすべての近傍 V に対して，$V \cap S \neq \phi$.

まず $S \subset \bar{S}$ のことを注意しよう．なぜなら $x \in S$ ならば，x のすべての近傍 V に対し $V \cap S \ni x$ だからである．

また，$x \in \bar{S}$ ならば，もちろん，x のすべての開近傍 O_x に対して，$O_x \cap S \neq \phi$ である．逆にこの性質が成り立てば，x の任意の近傍 V をとったとき，$x \in O_x \subset V$ となる開近傍 O_x が存在するから，$V \cap S \neq \phi$ となる．このことは，(*) で，V としては，x の開近傍だけをとってもよいことを示している．

$\bar{S}$ は閉集合である．

【証明】 $(\bar{S})^c$ が開集合であることを示そう．$x \notin \bar{S}$ とする．閉包の定義から，x のある開近傍 O_x が存在して

$$O_x \cap \bar{S} = \phi$$

すなわち $O_x \subset (\bar{S})^c$．ここで x を，$\bar{S}$ に属さないすべての元を動かして，和集合をとると

170   第 24 講 位 相 空 間

$$\bigcup_{x \notin \bar{S}} O_x \subset (\bar{S})^c$$

ここで $x \notin \bar{S} \Leftrightarrow x \in (\bar{S})^c$ と，各 O_x が x を含んでいることに注意すると，結局

$$\bigcup_{x \notin \bar{S}} O_x = (\bar{S})^c$$

が得られた．(O1) により，左辺は開集合だから，$(\bar{S})^c$ も開集合となり，したがっ
て $\bar{S}$ が閉集合であることが示された．∎

実は次のことがいえる．

> $\bar{S}$ は S を含む最小の閉集合である．

すなわち，S を含む任意の閉集合 F をとったとき，必ず $\bar{S} \subset F$ が成り立つと
いっているのである．実際，もしそうでなかったと仮定してみよう．そうすると
ある $x \in \bar{S}$ で，$x \notin F$ となるものがある．すなわち $x \in F^c$ である．F^c は開集
合だから，x の開近傍である．$S \subset F$ により $F^c \cap S = \phi$ だから，$(*)$ をみると，
このことは，$x \in \bar{S}$ であったことに矛盾する．したがって，$\bar{S} \subset F$ が示された．
この系として次のことが成り立つことがわかる．

> F が閉集合 $\Longleftrightarrow$ $\bar{F} = F$

第 14 講で述べた閉包の基本的な性質 (C1) から (C4) は，今の場合も成り立つ．
すなわち

> (C1)　$S \subset \bar{S}$
> (C2)　$S \subset T \Longrightarrow \bar{S} \subset \bar{T}$
> (C3)　$\overline{S \cup T} = \bar{S} \cup \bar{T}$
> (C4)　$\bar{\bar{S}} = \bar{S}$

【証明】　(C1) が成り立つことはすでに注意してある．(C2) は閉包の定義を参照
すると容易にわかる．

(C3)：$S \cup T \supset S, T$ により (C1) から $\overline{S \cup T} \supset \bar{S}, \bar{T}$．したがって $\overline{S \cup T} \supset \bar{S} \cup \bar{T}$．
一方，$\bar{S} \cup \bar{T}$ は (F2) により閉集合で $S \cup T$ を含んでいる．したがって，$\overline{S \cup T}$ の
$S \cup T$ を含む閉集合としての最小性から $\overline{S \cup T} \subset \bar{S} \cup \bar{T}$．2 つの包含関係をあわ

せて，$\overline{S \cup T} = \bar{S} \cup \bar{T}$ がいえた．

(C4)：$\bar{S}$ は，$\bar{S}$ を含む最小の閉集合であったが，$\bar{S}$ 自身が閉集合なのだから，$\bar{\bar{S}} = \bar{S}$ である． ∎

Tea Time

 距離空間も，前講で与えた空間もすべて位相空間である．

距離空間が位相空間であることは，距離空間の開集合族 $\mathcal{O}$ が，(O1) から (O4) をみたしているからである (第 13 講)．しかし，距離空間を位相空間としてみるときには，距離のことはひとまず忘れて，開集合族 $\mathcal{O}$ の方を注目することになる．だからたとえば，第 11 講で与えた $\boldsymbol{R}^n$ のいろいろな距離は，同じ開集合族を与えているから，位相空間としては，同じものを定義していることになる．

前講で述べたいろいろな空間の例では，開集合 O として，どの点 $x \in O$ をとっても，x の適当な近傍 V をとると，$V \subset O$ となる性質をもつものをとる．それぞれの場合，このように定義した開集合の集りが (O1) から (O4) までをみたしていることは，すぐに確かめられる．

実際の例に対して，位相空間論を適用しようとする場合，考察の対象となっている，'近さ' の感じの入っている集合が，まず位相空間となっていることを確かめなくてはならない．このとき，位相空間の定義に示されている簡潔さが，この確認を非常に容易なものとしている．実際確かめるのは，(O1)，(O2) だけでよい．全空間 X と空集合 ϕ は，あとから開集合としてつけ加えてもよいのである．現在，数学の中に現われる '近さ' の感じをもつ対象は，位相空間論の中に包括されている．そのような広い適用範囲をもつ代償として，位相空間の中には，一見，'近さ' とは無関係であるような，病的な例や，おもしろくない例も含むことになったのである．

質問 直線や平面や，また距離空間の場合でも，点列 $\{x_n\}$ が x に収束することが中心的な考えになっていたように思いますが，一般の位相空間では点列の収束

172   第24講 位 相 空 間

は考えないのですか.

答 点列 $\{x_n\}$ が点 x に収束することは,距離空間では,近傍の可算列 $V_{\frac{1}{n}}(x)$
$(n = 1, 2, \ldots)$ のどの中にも,いつかはこの点列が入ってくることを意味してい
た.このとき,点 x の近さの模様が,可算個の近傍で規定されている——可算性
——が本質的に効いている.ところが前講で示したように,近傍の可算性をもた
ない位相空間の例もある.このような例では,可算個の点列をどのように選んで
みても,1点に収束するとはいえない状況がおきる.すなわち,点列の近づくこ
とが,必ずしも近さの性質を反映しなくなってくる.このようなことから,一般
の位相空間では,点列の収束はあまり考えない.だが,点列の収束にかわって,
それを一般化した有向点系の収束というものを考えることはある.

第 $\mathbf{25}$ 講

位相空間上の連続写像

―― テーマ ――――――――――――――――――――――

◆ 位相空間 X から Y への連続写像 $\varphi : \varphi(\bar{S}) \subset \overline{\varphi(S)}$

◆ φ が連続 $\Longleftrightarrow$ 開集合の逆像が開集合

◆ φ が連続 $\Longleftrightarrow$ 閉集合の逆像が閉集合

◆ 同相写像：X から Y の上への 1 対 1 の連続写像で，逆写像も連続

◆ 同相写像によって，開集合，閉集合，閉包などの概念は互いに移り合う.

◆ 位相的性質：同相写像によって保たれる性質

◆ 位相の強弱

―――――――――――――――――――――――――――――

連 続 写 像

第 15 講で述べたように，距離空間から距離空間への写像が連続であるという性質は，点列の収束を用いなくとも，閉包や，開集合，閉集合が写像によってどのように移り合っているかをみることによって捉えることができる. 一般の位相空間から位相空間への写像が，連続であることを定義するには，この点が重要な手がかりを与えているに違いない.

そこで次の定義をおく.

【定義】 位相空間 X から Y への写像 φ が，次の性質をみたしているとき連続であるという：X の任意の部分集合 S に対し

$$\varphi(\bar{S}) \subset \overline{\varphi(S)} \tag{1}$$

距離空間のときと同様に，この連続性の定義は，開集合，閉集合を用いても述べることができる. すなわち，次の結果が成り立つ.

―――――――――――――――――――――――――――――

φ が連続 $\Longleftrightarrow$ Y の任意の開集合 O に対し，

$\varphi^{-1}(O)$ は X の開集合となる.

―――――――――――――――――――――――――――――

174   第 25 講　位相空間上の連続写像

$$\varphi\text{ が連続} \iff Y \text{ の任意の閉集合 } F \text{ に対し,}$$
$$\varphi^{-1}(F) \text{ は } X \text{ の閉集合となる.}$$

　証明を試みてみよう．証明の関心は，上の連続性の定義に妥当性を感じさせて
くれるこのような結果が，位相空間のまったく抽象的な公理体系からどのように
して導かれるかという点にかかっている.

【証明】　証明の便宜上，閉集合の逆像について述べていることが定義と同値であ
ることをまず証明する.

　⇒ : φ を連続とし，F を Y の閉集合とする．このとき

$$\varphi(\varphi^{-1}(F)) \subset F, \quad \bar{F} = F$$

のことに注意しよう．φ の連続性 (1) から (S として $\varphi^{-1}(F)$ をとって)

$$\varphi(\overline{\varphi^{-1}(F)}) \subset \overline{\varphi(\varphi^{-1}(F))} \subset \bar{F} = F$$

したがって

$$\overline{\varphi^{-1}(F)} \subset \varphi^{-1}(F)$$

閉包の性質 (C1) (第 24 講) を参照すると，これから

$$\overline{\varphi^{-1}(F)} = \varphi^{-1}(F)$$

が得られて，$\varphi^{-1}(F)$ は閉集合であることがわかった.

　⇐ : Y の閉集合の φ による逆像は，つねに閉集合であると仮定する．$S \subset X$ に対
し，$\overline{\varphi(S)}$ は Y の閉集合であることに注意しよう．したがって仮定から $\varphi^{-1}(\overline{\varphi(S)})$
は閉集合であり，

$$\overline{\varphi^{-1}(\overline{\varphi(S)})} = \varphi^{-1}(\overline{\varphi(S)}) \tag{2}$$

となる．一方，$\varphi(S) \subset \overline{\varphi(S)}$ から，$\varphi^{-1}(\varphi(S)) \subset \varphi^{-1}(\overline{\varphi(S)})$，この左辺は少な
くとも S を含んでいることは確かだから

$$S \subset \varphi^{-1}(\overline{\varphi(S)})$$

両辺の閉包をとって (C2) (第 24 講) と (2) を用いると

$$\bar{S} \subset \varphi^{-1}(\overline{\varphi(S)})$$

が成り立つことがわかる．この式は $\varphi(\bar{S}) \subset \overline{\varphi(S)}$ を示している．すなわち φ の
連続性 (1) が示された.

　これがいえると，上の方の命題 : φ の連続性と開集合の逆像は開集合である，こ

との同値性は次のように示される. O を Y の開集合とする. このとき O の補集合 O^c は閉集合である. したがって

$$\varphi \text{ が連続} \Longleftrightarrow \varphi^{-1}(O^c) \text{ が閉集合}$$
$$\Longleftrightarrow \left\{\varphi^{-1}(O)\right\}^c \text{ が閉集合}$$
$$\Longleftrightarrow \varphi^{-1}(O) \text{ が開集合}$$

(ここで補集合の逆像は補集合へ移ること (第 6 講, Tea Time) を用いた). これで同値性が証明された. ∎

同 相 写 像

【定義】 φ を位相空間 X から Y の上への 1 対 1 の連続写像とする. 逆写像 φ^{-1} も Y から X への連続写像となっているとき, φ を X から Y への同相写像という. X から Y への同相写像が存在するときに, X と Y は同相であるという.

第 16 講で距離空間のときに述べたように, X と Y が同相のときには, 互いの同相写像

$$X \underset{\varphi^{-1}}{\overset{\varphi}{\rightleftarrows}} Y$$

によって, X の開集合族 $\mathcal{O}_X$ と, Y の開集合族 $\mathcal{O}_Y$ とは 1 対 1 に移り合っている. すなわち,

$$O \in \mathcal{O}_X \Longrightarrow \varphi(O) \in \mathcal{O}_Y \quad (\varphi^{-1} \text{ の連続性})$$

であり,

$$O' \in \mathcal{O}_Y \Longrightarrow \varphi^{-1}(O') \in \mathcal{O}_X \quad (\varphi \text{ の連続性})$$

である.

このことは次のことを意味している. X と Y を同相な位相空間としよう. まず X と Y を単なる集合として考えたとき, X の元 x と, Y の元 $\varphi(x)$ を同一視することにより, X と Y とは, 本質的には同じ集合であると考えてよい. (10 個のリンゴの集合と, 10 個のナシの集合の間に 1 対 1 の対応をつければ, この対応によって, 2 つの集合は, 集合の立場では同じ集合を表わしていると考えられる.) 次に, 位相空間として考えるときには, 集合 X にさらに開集合族 $\mathcal{O}_X$, 集合 Y に開集合族 $\mathcal{O}_Y$ を付して考えることになるが, 同相写像の条件は, この $\mathcal{O}_X$ と $\mathcal{O}_Y$

176　第 25 講　位相空間上の連続写像

とが，また同じ写像によって 1 対 1 に移り合っていることを示している.

　したがって，もし集合として X と Y を，φ を通して同一視しておくならば，このとき X と Y の開集合族も同一視されてしまう. たとえていえば，X を表わす画像と，Y を表わす画像を，φ によって調整して，1 枚のスライドの上に重ね合わせてみると，開集合も全く重なって，X の開集合か Y の開集合か区別がつかなくなってしまうということである.

　その意味で，同相な位相空間は，本質的には同じ構造——位相構造——をもっていると考えられる. 構造という言葉は少し唐突かもしれない. これはブルバキの慣用の術語である. 今の場合は，同相ならば，本質的には同じ位相空間と考えてよいということである.

位相的な性質

　位相空間 $(X, \mathcal{O})$ という対象の中に与えられているものは，集合 X と，開集合族 $\mathcal{O}$ だけであり，許されている演算は，部分集合族の間の，和集合をとったり，共通部分をとったりする集合演算だけである. あらためてこのように見直してみると，位相空間という対象は，全く抽象的なものであることに気がつくのである. いってみれば，骨組みしかない建物のようなものである.

　2 つの位相空間 X と Y が同相であるということは，X と Y に与えられたこの骨組みは，全く同じものと考えてよいといっているのである. したがって，この骨組みをもとにして組み立てられる，さまざまな概念，たとえば，閉集合や閉包なども，X と Y との空間の中に，本質的には全く同じ集合族を生んでいく. すなわち，この骨組みから築き上げられていく建物は，X と Y の上で，同じ形をとっていく. したがってまた，これらの間に成り立ついろいろな関係も，X と Y の間に，全く同じような形で成り立っていくことになるだろう.

　2 つの同相な位相空間で同時に成り立つ性質は，'近さ' に関する性質を表わしていると考える. 数学では，位相空間を経由して，このように抽出されてきた性質を，'位相的' な性質という. いいかえれば，位相的な性質とは，同相写像によって保たれる位相空間としての性質である.

位相の強弱

いま特に，基礎となる集合としては，同じ集合 X をとり，そこに 2 つの開集合族 $\mathcal{O}$, $\tilde{\mathcal{O}}$ を与えることにより得られる 2 つの位相空間

$$(X, \mathcal{O}), \quad (X, \tilde{\mathcal{O}})$$

を考えよう．

X から X への恒等写像 Φ :

$$\Phi(x) = x \quad (x \in X)$$

が，$(X, \mathcal{O})$ から $(X, \tilde{\mathcal{O}})$ への同相写像を与えるための必要かつ十分な条件は，開集合族が完全に一致すること，すなわち

$$\mathcal{O} = \tilde{\mathcal{O}}$$

が成り立つことである．このことは，上に述べたことから明らかであろう．

それでは，

$$\mathcal{O} \supset \tilde{\mathcal{O}} \tag{3}$$

のとき，恒等写像

$$\Phi : (X, \mathcal{O}) \longrightarrow (X, \tilde{\mathcal{O}})$$

の連続性との関係は，どのようになっているのであろうか．

ここで包含関係 (3) は，位相空間 $(X, \tilde{\mathcal{O}})$ の開集合は，すべて $(X, \mathcal{O})$ でも開集合になっているということである．たとえば，集合 X として実数の集合 $\boldsymbol{R}$ をとる．開集合族 $\mathcal{O}$ としては，数直線上の開集合全体をとる．開集合族 $\tilde{\mathcal{O}}$ としては，全空間 $\boldsymbol{R}$ と空集合 ϕ のみからなるものをとる．明らかに

$$\mathcal{O} \supset \tilde{\mathcal{O}}$$

である．また実数の全部の部分集合を開集合として採用したものを，$\tilde{\tilde{\mathcal{O}}}$ とすると，このときは

$$\tilde{\tilde{\mathcal{O}}} \supset \mathcal{O}$$

である．

一般に次の結果が成り立つ．

$$(X, \mathcal{O}) \text{ から } (X, \tilde{\mathcal{O}}) \text{ への恒等写像 } \Phi \text{ が連続} \Longleftrightarrow \mathcal{O} \supset \tilde{\mathcal{O}}$$

このことは，Φ が連続のことは，任意に $\tilde{O} \in \tilde{\mathcal{O}}$ をとったとき，$\Phi^{-1}(\tilde{O}) = \tilde{O}$ が $(X, \mathcal{O})$ の開集合，すなわち $\tilde{O} \in \mathcal{O}$ となることから，明らかである．

(3) が成り立つとき，位相空間 $(X, \mathcal{O})$ の位相は，$(X, \tilde{\mathcal{O}})$ の位相より，強い (または細かい) という．また，$(X, \tilde{\mathcal{O}})$ の位相は，$(X, \mathcal{O})$ の位相より弱い (または粗い) という．上に述べたことは，恒等写像は強い方から弱い方へと，連続に走っていくということである．

集合 X に入る最も強い位相は，X のすべての部分集合を開集合として採用したものである．この位相を X の離散位相 (またはディスクリート位相) という．

Tea Time

 ブルバキと構造

講義の中で述べたブルバキについて少し述べておこう．1930 年代後半，フランスの新進気鋭の数学者たちが，新興数学を謳う一つのグループを結成したが，彼らはそのグループの理念を象徴するものとして，架空の Nancago 大学の数学科教授ニコラス・ブルバキ氏を創案した．このとき，ブルバキ教授がこの世に誕生したのである．この数学者のグループの構成員は，次々と世代交代して入れかわっていったが，ブルバキ教授だけは常に変らぬ地位を確保していた．ただ，誕生当時の新鮮さはしだいに消えて，現在では抽象的な姿になりつつあることは止むを得ないことだろう．

ブルバキの理念の中心をなす'構造'という考えを，簡単に述べることは難しいのであるが，数学を見る一つの見方として，数学的な対象は，集合という概念の上に，構造をのせて，その論理的に内包している性質を調べていくところにあるとするのである．数学が深まるにつれて，構造もしだいしだいに積み重ねられてくる．数学はしたがって，この考えによれば，一種の建築術の観を呈してくる．

もちろん，このような見方の適応しない数学も多くある．しかし，位相空間のもつ位相構造や，群や環や体などのもつ代数構造は，もともと 20 世紀初頭の抽象数学の考えの中から個別に生まれてきたものであったが，この構造という考えによって，統一的な視点を得ることができたのである．

ここでブルバキに対する私の感想を少し述べておこう.

たとえば,位相空間論も,ここで述べてきたような,直線や平面の部分集合にまで溯って話をすることを止めると,直接第 24 講の‘位相空間’からスタートすることになる.集合と開集合という概念の上に,閉集合,近傍,連続写像と,‘位相構造’を順次積み重ねていくと,ブルバキの理念にかなった位相空間論ができ上ってくる.しかし水脈の源泉に溯らないで,このような抽象数学の演繹的体系を構築していくだけで,どれだけ数学がわかったといえるだろうか.

ブルバキの‘建築術’は,数学という深い森の中に建てられた白い尖塔であったような気がする.この白い尖塔は,モダンで瀟洒であって,そこに立って見下ろすと,確かに森の木々の間を縫ういくつかの道のつながりを明らかにすることはできた.しかし,木々を育てる光と土とには,結局は無縁であったのではなかろうか,と私は思うのである.

第 **26** 講

位相空間の構成

── テーマ ──

◆ 与えられた部分集合を開集合とする位相

◆ 与えられた部分集合族を開集合族の一部分とする最弱位相

◆ 有限個の積空間の位相：各座標成分への射影を連続とする最弱位相

◆ (Tea Time) 直積空間の位相

部分集合と位相

集合 X が与えられたとする.

X の部分集合 A を１つとり出して，この部分集合 A に注目することにしよう. さて，この A を開集合とするような X の位相の与え方は存在するだろうか.

このような位相は存在する. その中で最も弱い位相 (開集合族が一番小さいもの) は，開集合族 $\mathcal{O}$ として

$$\{\phi, A, X\}$$

を採用したもので与えられる. この 3 つの集合からなる集合族が，開集合族としてみたすべき条件 (O1) から (O4) までみたしていることは，ほとんど明らかであろう. 位相空間 $(X, \mathcal{O})$ は明らかに A を開集合 (実際は自明でないただ 1 つの開集合) として含んでいる.

それでは，2 つの部分集合 A, B をとり出したとき，A, B を同時に開集合とするような，X の位相は存在するだろうか.

このような位相は存在する. そのような位相のうちで最も弱い位相は，開集合族として

$$\{\phi, A, B, A \cap B, A \cup B, X\}$$

をとったものである. ここで $A \cup B$ を含めたのは，(O1) を成り立たせるためであり，$A \cap B$ を含めたのは (O2) を成り立たせるためである.

同様に3つの部分集合 A, B, C を開集合とする最も弱い位相は,開集合族として
$$\{\phi,\ A, B, C,\ A\cap B\cap C,\ A\cap B,\ A\cap C,\ B\cap C,\ X;$$
これらから任意にいくつかとってつくった和集合}
をとったものである.

ここで文章で書いた部分集合を念のため列記してみると
$$A\cup B,\ A\cup C,\ B\cup C,\ A\cup B\cup C,\ A\cup(B\cap C),\ B\cup(A\cap C),$$
$$C\cup(A\cap B),\ (A\cap B)\cup(A\cap C),\ (A\cap B)\cup(B\cap C),\ (A\cap C)\cup(B\cap C)$$
である.

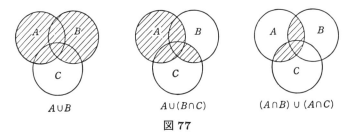

図 77

集合列と位相

次に X の部分集合の可算列
$$A_1, A_2, \ldots, A_n, \ldots \tag{1}$$
が与えられたとき,これらのすべてを開集合とする最も弱い位相を考えてみよう.この位相は,開集合族として ϕ と X と,さらに
$$\bigcup(A_{i_1}\cap A_{i_2}\cap\cdots\cap A_{i_s}) \tag{2}$$
という形の集合をすべて採用したもので与えられる.ここで $A_{i_1}\cap A_{i_2}\cap\cdots\cap A_{i_s}$ は,(1) から任意に有限個とった共通部分を表わし,和集合 $\bigcup$ は,このような集合の任意個数 (有限個または無限個) の和を表わしている.

(1) を開集合とする位相では,(2) のような形の集合は必然的に開集合となっていなくてはならない.なぜなら,各 A_n が開集合という要請によって,まず (O2) から任意有限個の共通部分 $A_{i_1}\cap\cdots\cap A_{i_s}$ が開集合となり,したがってこれらの和集合も開集合となっていなくてはならないからである.

182　第 26 講　位相空間の構成

　したがって (2) のような集合全体 (および ϕ と X) が (O1) から (O2) をみたすことを示すと，これが，求める性質をもった最弱の位相を X に与えていることになる．

　(O1) については，(2) のような形の和集合をいくらつくっても，同じ形の集合になることは明らかである．(O2) については，集合演算の規則から成り立つことがわかるのだが，形式的に書くとわかり難い．ここでは 1 つの例だけで示しておこう．いま (2) のような形の集合の中で，特に

$$S = (A_1 \cap A_2) \cup (A_3 \cap A_4 \cap A_5), \quad T = (A_6 \cap A_7) \cup A_8$$

をとって，$S \cap T$ が再び (2) の形で表わされることを示しておこう．

$$S \cap T = \{(A_1 \cap A_2) \cup (A_3 \cap A_4 \cap A_5)\} \cap \{(A_6 \cap A_7) \cup A_8\}$$
$$= (A_1 \cap A_2 \cap A_6 \cap A_7) \cup (A_3 \cap A_4 \cap A_5 \cap A_6 \cap A_7)$$
$$\cup (A_1 \cap A_2 \cap A_8) \cup (A_3 \cap A_4 \cap A_5 \cap A_8)$$

集合族と位相

　一般に X の部分集合族

$$\{A_\gamma\}_{\gamma \in \Gamma}$$

が与えられたとき，各 A_γ を開集合とするような，X の最も弱い位相は存在する．その位相は，開集合族 $\mathcal{O}$ として，ϕ と X と，

$$\bigcup (A_{\gamma_1} \cap A_{\gamma_2} \cap \cdots \cap A_{\gamma_s})$$

の形の集合をすべて採用したもので与えられる．ここで和集合は，$A_{\gamma_1} \cap \cdots \cap A_{\gamma_s}$ の形をした任意の集合族の上にわたってとられるものである．

一つの注意

　私たちは，いつのまにかこのような議論へと話を進めてきたが，考えてみると，ここで述べたようなことは距離空間の中では思いもつかない問題設定であった．与えられた部分集合を開集合とするような‘よい距離’があるかなどという問題は漠然としていて，よい答など見つかりそうにない．距離空間ではこのような問題は意味がないといってよいかもしれない．

　距離空間では，まだ私たちの近さに対する直観が働く場所があって，この直観が逆にこのような問題設定を無意味なものにさせているのではないかと思う．距離空間から位相空間へ移ることによって，数学は，近さの直観を捨てて，集合と，

(O1) から (O4) までをみたす部分集合族の存在に，一切をおきかえてしまったのである．いってみれば，形式論理の世界の中でだけ意味をもつ骨組み——構造——に，位相の出発点を還元してしまったのである．このような抽象数学の大胆さは，確かに私たちをためらわすものがある．このような形式化によって，上に述べたような問題設定と，その答が可能となったのであるが，これはやはり数学者の創った不思議な世界像というべきなのかもしれない．

位相空間論の一つの主要な道筋は，このような形式的な枠組から，どのようにして，もう一度，近さの直観の働く世界へと戻っていくかという点にある．それは第 29 講と第 30 講の主題である．

有限個の積空間

上のような考え方は，与えられた位相空間から，新しい位相空間を構成するとき，役立つことがある．

そのような例として，有限個の位相空間

$$X_1, X_2, \ldots, X_n$$

が与えられたとき，直積集合

$$Y = X_1 \times X_2 \times \cdots \times X_n$$

にどのように位相を導入したらよいか考えてみよう．

直積集合とは

$$y = (x_1, x_2, \ldots, x_n) \quad (x_i \in X_i; \ i = 1, 2, \ldots, n)$$

として表わされる点全体からなる集合である．このとき

$$\pi_1(y) = x_1, \quad \pi_2(y) = x_2, \quad \ldots, \quad \pi_n(y) = x_n$$

とおくことにより，$i = 1, 2, \ldots, n$ に対して，写像

$$\pi_i : Y \to X_i$$

が得られる．π_i を Y から X_i の上への (あるいは i 成分への) 射影という．

$X_i \ (i = 1, 2, \ldots, n)$ の方には位相が入っている．このとき直積集合 Y の方にどのような位相をいれたらよいだろうか．Y の点の動きは，各 i 成分の動きによって決まるような位相がほしい．そのため，導入すべき Y の位相として，次の 2 つのことを要請しよう．

184　第 26 講　位相空間の構成

a)　各射影 π_i $(i = 1, 2, \ldots, n)$ は，Y から X_i への連続写像となる．

b)　Y の位相は，a) の要請をみたす最も弱いものである．

この要請 a) については特に問題はないだろうが，b) については多少のコメントが必要であろう．しかしこの b) の要請：Y の開集合族としてはできるだけ小さいものをとって a) をみたすようにせよ，の意味については，Tea Time で述べることにしよう．

さて a) をみたすためには，X_i の開集合族を $\mathcal{O}_i$ としたとき，$i = 1, 2, \ldots, n$ に対して

すべての $O_i \in \mathcal{O}_i$ に対し

$\pi_i^{-1}(O_i)$ が Y の開集合

となっていなくてはならない．

この要請をみたす Y の最弱位相は，前に述べたことによると

$$\bigcup (\pi_1^{-1}(O_1) \cap \pi_2^{-1}(O_2)$$
$$\cap \cdots \cap \pi_n^{-1}(O_n)) \qquad (3)$$

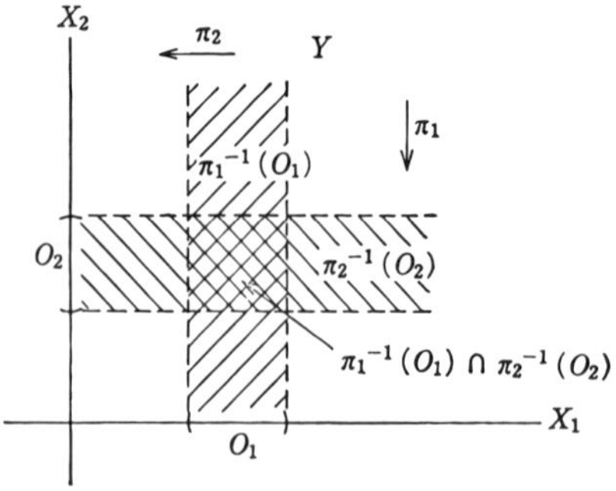

図 78

の形の集合（および ϕ と Y）を開集合族として採用することにより得られる．(2) では適当な有限個 $i_1, \ldots, i_s$ をとっているのに，ここでは，1 から n まで全部とっているのでおかしいと思うかもしれないが，たとえば O_1 として X_1 をとると

$$\pi_1^{-1}(X_1) \cap \pi_2^{-1}(O_2) \cap \cdots \cap \pi_n^{-1}(O_n)$$
$$= Y \cap \pi_2^{-1}(O_2) \cap \cdots \cap \pi_n^{-1}(O_n)$$
$$= \pi_2^{-1}(O_2) \cap \cdots \cap \pi_n^{-1}(O_n)$$

となって，(2) の表記で，$\{i_1, i_2, \ldots, i_s\}$ として $\{2, 3, \ldots, n\}$ をとったものになっている．したがってこのようなことから，(3) の表わし方で十分なことがわかるのである．

この開集合族をとって Y を位相空間としたものを，$X_1, X_2, \ldots, X_n$ の直積空間という．そしてこの Y の位相を直積位相という (図 78)．

Tea Time

 最弱位相であることの要請について

$Y = X_1 \times X_2 \times \cdots \times X_n$ の開集合族として (3) の形の集合全部をとれば，これが a) の要請をみたす最小の開集合族であることはわかった．(3) の形で表わせないような Y の任意の部分集合 A をもってきて，(3) 以外にさらに A も開集合となるような新しい位相を Y に導入したとする．直積空間 Y と区別するために，この新しい位相をいれた積集合を $\tilde{Y}$ と書くことにしよう．射影 $\pi_i : \tilde{Y} \to X_i$ ($i = 1, 2, \ldots, n$) はやはり連続写像である．なぜかというと，X_i の開集合 O_i に対して，$\pi_i^{-1}(O_i)$ はすでに $\tilde{Y}$ の開集合となっているからである．ところが新しくつけ加えられた開集合 A は，射影の連続性とはまったく無関係である．また，開集合 A で規定される $\tilde{Y}$ の'ある近さ'は'座標空間' $X_1, X_2, \ldots, X_n$ の近さとは全く関係ないものとなっている．

たとえば $X_1 = X_2 = \boldsymbol{R}$ を数直線とする．このとき 2 次元ユークリッド空間としての $\boldsymbol{R}^2$ の位相は，ちょうど直積位相となっている．もし，$\boldsymbol{R}^2$ にもっとたくさん開集合をつけ加えて，たとえば，$\boldsymbol{R}^2$ のすべての部分集合を開集合とするような位相を，$\boldsymbol{R}^2$ に入れて，この位相空間を $\tilde{\boldsymbol{R}}^2$ で表わすことにしてみよう．$\tilde{\boldsymbol{R}}^2$ で点列 $\{x_n\}$ が x に収束するということは，ある番号から先 x で必ず足踏みしてしまう状況であるが，このような近さの性質は，(座標軸となっている) それぞれの数直線のもつ近さの性質とは，全く無関係なものとなってしまっている．積空間の位相は，それぞれの成分の位相から調べたいと思っているから，このような $\tilde{\boldsymbol{R}}^2$ の位相では困るのである．これが b) の要請をおいた理由である．

質問 講義の中では，有限個の空間の直積空間しか話されませんでしたが，第 12 講，第 13 講では，$\boldsymbol{R}$ の無限個の直積

$$\boldsymbol{R}^\infty = \boldsymbol{R} \times \boldsymbol{R} \times \cdots \times \boldsymbol{R} \times \cdots$$

にどんな距離を入れるのがよいか，またそのとき，点列の近づく性質や，近傍がどんな形をしているかも学びました．あのときの距離からきまった $\boldsymbol{R}^\infty$ の位相

186　第 26 講　位相空間の構成

というのは，上のお話と同じように，$\boldsymbol{R}^\infty$ から各座標成分 $\boldsymbol{R}$ への射影 π_i

$$\pi_i : \boldsymbol{R}^\infty \longrightarrow \boldsymbol{R} \quad (i = 1, 2, \ldots)$$
$$\cup \qquad\qquad \cup$$
$$(x_1, \ldots, x_i \cdots) \longrightarrow x_i$$

を連続とする最弱の位相だったのでしょうか.

答　そうである. ここでもう一度，第 12 講の (1) を見直してもらうと，任意の点 $x \in \boldsymbol{R}^\infty$ の ε-近傍 $V_\varepsilon(x)$ の中に

$$\left\{ (y_1, y_2, \ldots, y_n, \ldots) \,\middle|\, |x_1 - y_1| < \frac{\varepsilon}{2}, \quad \ldots, \quad |x_k - y_k| < \frac{\varepsilon}{2}; \right.$$
$$\left. y_{k+1}, \ldots, y_{k+l}, \ldots \text{ は任意} \right\}$$

の形の近傍が含まれていた. この講での記号では，この近傍は

$$\pi_1^{-1}(V_{\frac{\varepsilon}{2}}(x_1)) \cap \cdots \cap \pi_k^{-1}(V_{\frac{\varepsilon}{2}}(x_k))$$

と表わされていることに注意しよう. この注意からだけでは，第 12 講で与えた $\boldsymbol{R}^\infty$ の位相が，各 π_i を連続とする最弱位相と一致していることはすぐにはわかり難いかもしれないが，2 つの位相は密接に関係し合っていることはわかるだろう.

　なお，ついでにいっておくと，位相空間の族 $\{X_\gamma\}_{\gamma \in \Gamma}$ $(\Gamma \neq \phi)$ が与えられたとき，直積集合

$$Y = \prod_{\gamma \in \Gamma} X_\gamma$$

に入れる位相としては，Y から各 X_γ への射影 π_γ を連続とする最弱位相を入れ，これを直積空間というのである.

第 **27** 講

コンパクト空間と連結空間

┌─ テーマ ─────────────────────────
◆ コンパクト空間と連結空間の定義
◆ コンパクト空間の定義における，任意の開集合族による開被覆についての注意
◆ 距離空間におけるコンパクト性の定義との比較
◆ コンパクト性，連結性は連続写像によって保たれる．
◆ 相対位相
◆ コンパクト空間の閉集合はコンパクト
└────────────────────────────────

定　　義

第 17 講と第 18 講で，距離空間の場合にコンパクト空間と，連結な空間の定義を与えておいた．コンパクト性は，集積点の存在から出発した概念であったが，第 17 講で示したように，この性質は点列の収束の概念を切り離して，開被覆の中から有限開被覆が選べるという形で述べることもできた．コンパクト性のこの述べ方の中では，開集合という概念しか用いられていない．連結性は，もともと，2つの開集合に分けられないような空間として定義されていた．

このことに注意すると，一般の位相空間――集合と開集合族――の枠組の中でも，コンパクト空間と連結空間の概念を与えることができるだろう．

【定義】 位相空間 X が次の性質をみたすとき，X はコンパクトであるという：

X の任意の開被覆 $X = \bigcup_{\gamma \in \Gamma} O_\gamma$ が与えられたとき，$\{O_\gamma\}_{\gamma \in \Gamma}$ の中からとり出した適当な有限個 $X_{\gamma_1}, X_{\gamma_2}, \ldots, X_{\gamma_s}$ によって，X はすでに

$$X = O_{\gamma_1} \cup O_{\gamma_2} \cup \cdots \cup O_{\gamma_s}$$

と蔽われている．

【定義】 位相空間 X が次の性質をみたすとき，X は連結であるという：

X は空でない 2 つの開集合 O_1，O_2 によって

188　第 27 講　コンパクト空間と連結空間

$$X = O_1 \cup O_2 \quad (O_1 \cap O_2 = \phi)$$

と分解されない.

コンパクトの定義に対する注意

　連結の定義は距離空間の場合と全く同様であるが, コンパクト空間の上の定義についてはコメントが必要である. 第 17 講で距離空間で述べたことは, 集積点の存在を保証するコンパクト性は, 次のことと同値であるということであった:
'可算開被覆'

$$X = O_1 \cup O_2 \cup \cdots \cup O_n \cup \cdots$$

が与えられたとき, その中から適当な有限個を選ぶと開被覆

$$X = O_{i_1} \cup O_{i_2} \cup \cdots \cup O_{i_s}$$

が得られる.

　このことと上の位相空間における定義を見比べてみると, ここでの定義は (単に可算族ではなくて) 全く '一般の開集合族' $\{O_\gamma\}_{\gamma \in \Gamma}$ $(\Gamma \neq \phi)$ をとって, もし

$$X = \bigcup_{\gamma \in \Gamma} O_\gamma$$

となっていれば, その中から有限開被覆が選べるということをいっている. これは, 距離空間で述べたものに比べれば, 明らかに飛躍している. こんなに, 一気に飛躍した定義を採用してよいのだろうか.

　本当にこれは飛躍したのかどうかは, まず距離空間の場合, 次のことがいえるかどうか確かめておく必要がある.

距離空間 X が, 可算開被覆の中から有限開被覆を選べるという性質をもつならば, 任意の開被覆 $X = \bigcup_{\gamma \in \Gamma} O_\gamma$ の中から有限開被覆を選べる.

　すなわち, 距離空間が第 17 講で述べた意味でコンパクトならば, 実はここで述べた位相空間の意味でもコンパクトになっているということである.

　このことは成り立つのであるが, 証明はかなり手間どるので, 以下ではその証明の輪郭だけを述べておこう.

可算被覆性

距離空間 X が, 可算開被覆の中から必ず有限開被覆を選べるという性質 (距離空間の意味でコンパクト!) をもっているとする. 証明したいのは, このとき X は, 位相空間としてコンパクトになっているということである.

まずこのとき, 任意の $\varepsilon > 0$ に対して適当な有限個の点 $x_1, \ldots, x_t$ をとると $X = V_\varepsilon(x_1) \cup \cdots \cup V_\varepsilon(x_t)$ が成り立つことを, 示すことができる. (これが成り立たないとすると, 集積点をもたない点列があることになる!) ここで ε として $\varepsilon = 1, \frac{1}{2}, \ldots, \frac{1}{n}, \ldots$ ととることにより, X の中に可算個の点 $\{x_1, x_2, \ldots, x_n, \ldots\}$ で, X の中で稠密なものが存在することがわかる. 次に, 各 x_n を中心にして可算個の近傍 $V_{\frac{1}{k}}(x_n)$ $(k = 1, 2, \ldots)$ を考える.

このようにして得られた可算個の開集合
$$\{V_{\frac{1}{k}}(x_n) \mid k = 1, 2, \ldots;\ n = 1, 2, \ldots\}$$
は, 次の意味で, 十分細かい集合をすべて含んでいる：任意の開集合 $O(\neq \phi)$ と O の点 x に対して, 必ずある k と n が存在して
$$x \in V_{\frac{1}{k}}(x_n) \subset O$$
となる.

そこでいま, $X = \bigcup_{\gamma \in \Gamma} O_\gamma$ という開被覆が与えられたとする. 任意の点 $x \in X$ に対して, 必ずある γ があって $x \in O_\gamma$ となる. したがって
$$x \in V_{\frac{1}{k}}(x_n) \subset O_\gamma$$
となる $V_{\frac{1}{k}}(x_n)$ がある. このようにして登場してくる $V_{\frac{1}{k}}(x_n)$ の中で異なるものは, もちろん可算個である. それらを並べて
$$V_1, V_2, \ldots, V_n, \ldots$$
とする. ここで $V_n \subset O_{\gamma_n}$ とすると
$$X = O_{\gamma_1} \cup O_{\gamma_2} \cup \cdots \cup O_{\gamma_n} \cup \cdots$$
となっていることがわかる.

すなわち, $X = \bigcup_{\gamma \in \Gamma} O_\gamma$ の中から, 可算開被覆が選べることがわかった. したがって仮定から, この中からさらに有限個の開被覆が選び出されて, コンパクト性が示されたのである.

したがって位相空間の場合, ここで与えたコンパクト空間の定義は, 距離空間の場合には前に与えた定義 (第 17 講) と一致しており, その意味では飛躍した定義ではない. 飛躍したといえば, それはコンパクト性の定義から, 距離空間の場合においた可算性を完全に取り去った点にある. 距離空間の場合, 可算性は, 可算個の点列がある点に近づくという性質と深くかかわっていた. 私たちの '近づく' という感じからいえば, 取り除くことのできないようにみえるこの可算性を,

190   第 27 講　コンパクト空間と連結空間

全く触れずにコンパクト空間の定義を位相空間の中に導入したところに，この定義の抽象性と斬新さがある．

コンパクト空間と連結空間の連続写像による像

コンパクト性と連結性は，連続写像によって保たれる．すなわち次の定理が成り立つ．

【定理】　φ を位相空間 X から Y への連続写像とする．そのとき

1)　X がコンパクトならば，$\varphi(X)$ もコンパクトである．

2)　X が連結ならば，$\varphi(X)$ も連結である．

定理の証明に入る前に，位相空間 X の部分集合 S への位相の導入の仕方について触れておこう．

S の開集合 O としては，X の適当な開集合 $\tilde{O}$ をとると

$$O = S \cap \tilde{O}$$

と表わされるもの全体をとる．この全体は，(O1)〜(O4) をみたすから，S の位相を与える開集合族として採用できる．この S の位相を（X に関する）S の相対位相といい，'位相空間' S を，X の部分空間という．

定理で述べていることは，$\varphi(X)$ が Y の部分空間として，それぞれコンパクト，または連結となるということである．

定理の証明：1) の証明．$\varphi(X)$ の開被覆

$$\varphi(X) = \bigcup_{\gamma \in \Gamma} O_\gamma$$

が与えられたとする．Y の部分空間としての $\varphi(X)$ の位相のいれ方から，各 O_γ に対して Y の開集合 $\tilde{O}_\gamma$ が存在して

$$O_\gamma = \varphi(X) \cap \tilde{O}_\gamma$$

となっている．このとき

$$\varphi^{-1}(O_\gamma) = \varphi^{-1}(\tilde{O}_\gamma)$$

$$\varphi^{-1}(\tilde{O}_\gamma) \text{ は } X \text{ の開集合　} (\varphi \text{ の連続性！})$$

が成り立つことに注意しよう．したがって

$$X = \bigcup_{\gamma \in \Gamma} \varphi^{-1}(O_\gamma)$$

は X の開被覆となる．X はコンパクトだから，適当な有限個の $\varphi^{-1}(O_{\gamma_1}), \ldots,$ $\varphi^{-1}(O_{\gamma_s})$ をとることにより

$$X = \varphi^{-1}(O_{\gamma_1}) \cup \varphi^{-1}(O_{\gamma_2}) \cup \cdots \cup \varphi^{-1}(O_{\gamma_s})$$

となる．したがって

$$\varphi(X) = O_{\gamma_1} \cup O_{\gamma_2} \cup \cdots \cup O_{\gamma_s}$$

となり，$\varphi(X)$ のコンパクト性が示された．

2) の証明：これは第 9 講 (第 18 講も参照) で与えた，この定理の原型の場合の証明と全く同様にできるので，ここではくり返さない． ∎

コンパクト空間の閉集合

> X をコンパクト空間，F を X の閉集合とする．
> そのとき F はコンパクトである．

【証明】 F の開被覆

$$F = \bigcup_{\gamma \in \Gamma} O_\gamma$$

が与えられたとする．各 O_γ に対して X の開集合 $\tilde{O}_\gamma$ で

$$O_\gamma = F \cap \tilde{O}_\gamma \qquad (1)$$

となるものをとる．また

$$O = F^c \quad (F \text{ の補集合！})$$

とおく．O は開集合である．このとき

$$X = \bigcup_{\gamma \in \Gamma} \tilde{O}_\gamma \cup O$$

が成り立っている (図 79)．X はコン

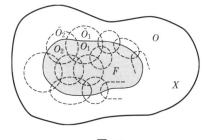

図 79

パクトだからこの中の有限個で蔽える：

$$X = \tilde{O}_{\gamma_1} \cup \tilde{O}_{\gamma_2} \cup \cdots \cup \tilde{O}_{\gamma_s} \cup O$$

O は F の点を 1 つも含んでいないことに注意して (1) を用いると，これから

$$F = O_{\gamma_1} \cup O_{\gamma_2} \cup \cdots \cup O_{\gamma_s}$$

が得られる．したがって F はコンパクトである． ∎

Tea Time

 連結空間の応用例

連結空間の定義は，距離空間の場合でも，位相空間の場合でも全く同じ形をとっている．したがって，第 18 講で与えた連結空間に関するいろいろな性質は，すべて一般の連結な位相空間の場合にも同様に成り立つことは，すぐに確かめることができる．

そうしたことをくり返すよりは，連結性に関する興味のある簡単な応用を思い出したので，それを述べておこう．この話題は，平面の連結集合のことを述べた第 9 講に加えておいた方が適当だったのかもしれない．

区間 $[0,1]$ で定義された連続関数 $y = f(x)$ が，単調増加 (グラフが上り坂) か単調減少 (グラフが下り坂) ならば，$f(x)$ が 1 対 1 の写像となっていることは明らかである．それではこの逆の問題はどうだろうか．

問題 区間 $[0,1]$ で定義された連続関数 $y = f(x)$ が 1 対 1 ならば，単調増加か単調減少であることを示せ．

これは直観的には当たり前のことで，すぐに証明できそうにみえるが，厳密に証明しようとすると，なかなか手ごわいのである．

しかしこの問題は，次のように連結性の考えを用いると，実に簡単に証明されてしまう．

いま平面上の正方形 $[0,1] \times [0,1]$ の対角線からの上半分 (ただし対角線は含まない) のつくる図形——直角 2 等辺三角形——を X とする (図 80)．X は明らかに連結である．区間 $[0,1]$ 上で定義された，1 対 1 の連続関数 $y = f(x)$ に対して，X 上の連続関数 $F(s,t)$ を

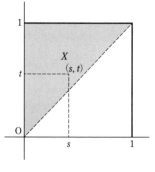

図 80

$$F(s,t) = (f(t) - f(s))(t - s)$$

によって定義する．X 上では $s < t$ であって，また $s < t$ ならば $f(s) \neq f(t)$ (1 対 1 !) だから，X 上で

$$F(s,t) \neq 0 \qquad (*)$$

となる．$F(s,t)$ のとる値全体は，連続写像 F による X の像 $F(X)$ として，数直

線上のある連結集合をつくる．この連結集合は $(*)$ から原点を含んでいないのだから，$F(X)$ は数直線上の正の側にある区間か，負の側にある区間のいずれかになっていなくてはならない．前者の場合は

$$F(s, t) > 0$$

すなわち $s < t \Longrightarrow f(s) < f(t)$ となって f は単調増加であり，後者の場合には $F(s, t) < 0$ から，f は単調減少であることがわかる．

第 **28** 講

分 離 公 理

--- テーマ ---

◆ 分離公理：(T_1), (T_2), (T_3), (T_4)
◆ T_1 空間：1 点が閉集合
◆ T_2 空間の部分空間がコンパクトならば閉集合
◆ コンパクト空間から T_2 空間への連続写像は，閉集合を閉集合へ移す．
◆ コンパクト T_2 空間の間の 1 対 1 連続写像は同相写像
◆ 正則空間，正規空間

位相の条件を強める

位相空間の定義の中で述べてある開集合族 $\mathcal{O}$ のみたすべき条件 (O1) から (O4) は，あまりにも一般的すぎて，いろいろな分野から登場してくる具体的な空間の近さの状況を，十分いい表わしてくれないことが多い．たとえば極端な場合，空集合と全空間の 2 つだけが開集合であるような位相空間を考えると，この空間では，各点の近傍は全空間をとったものだけとなる．近傍に入っている点を近いというならば，この空間では，任意の点はどの点とも近いということになる．これではお話にならない．

開集合の族を適当に大きくとって，すなわち位相を適当に強めて，よい位相空間の族を得たい．そのような考えから，いくつかの分離公理とよばれるものが，位相空間の中に導入されてきた．

分 離 公 理

位相空間 X において，次の条件を考える．

(T_1)　異なる 2 点 x, y に対して，x を含まない y の近傍が存在する．

(T_2)　異なる 2 点 x, y に対して，x の近傍 $V(x)$，y の近傍 $V(y)$ で

$$V(x) \cap V(y) = \phi$$

となるものが存在する.

(T_3)　1点 x と，x を含まない閉集合 F に対して，x の近傍 $V(x)$，F の近傍 $V(F)$ で

$$V(x) \cap V(F) = \phi$$

となるものが存在する.

(T_4)　共通点のない2つの閉集合 F_1，F_2 に対して，F_1 の近傍 $V(F_1)$，F_2 の近傍 $V(F_2)$ で

$$V(F_1) \cap V(F_2) = \phi$$

となるものが存在する.

これらをそれぞれ T_1，T_2，T_3，T_4 分離公理として引用することがある.

T_1 空 間

位相空間 X が，条件 (T_1) をみたすとき T_1 空間であるという.

> 位相空間 X が T_1 空間となるための条件は，各点 x が閉集合となっていることである.

実際，次の同値性が成り立つ.

$\{x\}$ が閉集合 $\Longleftrightarrow \overline{\{x\}} = \{x\}$

$\Longleftrightarrow \{x\}$ に属さない y に対し，ある y の近傍 $V(y)$ が存在して $x \notin V(y)$

$\Longleftrightarrow$ (T_1) が成り立つ

T_1 空間のもつ性質は，大体上のことだけでつきるのであって，T_1 空間が引用される機会はそれほど多くない．重要なのは，次の T_2 空間である.

T_2 空 間

(T_2) をみたす空間——T_2 空間——は，重要な概念であって，独立にハウスドルフ空間，または分離空間という名前で引用されることが多い．ハウスドルフ (F. Hausdorff) は，20世紀のはじめに，集合論，位相空間論，測度論などの分野で多くのすぐれた仕事をした数学者である．条件 (T_2) は，2点の近傍が分離され

196　第 28 講　分　離　公　理

ているといういい方で述べられることも多い．第 23 講を見直してみるとわかる
ように，距離空間はこの分離性をもっている．したがって距離空間は T_2 空間で
ある．また，T_2 空間は T_1 空間となっていることを注意しておこう．

コンパクトな T_2 空間

前講で，コンパクト空間 X の閉集合 F はコンパクトであることを示した．X
が T_2 空間のときには，これに関連して，次の結果が成り立つ．

> X を T_2 空間とする．X の部分空間 S がコンパクトならば，S は
> 閉集合である．

【証明】　S を X のコンパクトな部分空間とする．S が閉集合であることを示す
ためには，$y \notin S$ ならば，適当な y の近傍 $V(y)$ が存在して

$$V(y) \cap S = \phi$$

となることを示せばよい．実際これがいえれば，S の補集合 S^c は内点からなり，
したがって S^c は開集合で，S は閉集合となる．

X は T_2 空間だから，S の各点 x に対して，ある近傍 $V(x)$ と，y の近傍 $V_x(y)$
が存在して

$$V(x) \cap V_x(y) = \phi \tag{1}$$

が成り立つ．必要ならば，$V(x)$ に含まれる開近傍を，あらためて $V(x)$ としてと
り直しておけば，$V(x)$ ははじめから開近傍であるとしてもかまわない．

$$\tilde{V}(x) = S \cap V(x) \tag{2}$$

とおくと，$\tilde{V}(x)$ は S の開集合である．ここで x を S の元をわたらせると，$\tilde{V}(x)$
の全体は S の開被覆をつくる：

$$S = \bigcup_{x \in S} \tilde{V}(x)$$

S はコンパクトだから，$\tilde{V}(x)$ の有限個で S を蔽うことができる：

$$S = \tilde{V}(x_1) \cup \tilde{V}(x_2) \cup \cdots \cup \tilde{V}(x_s)$$

これに対応して

$$V(y) = V_{x_1}(y) \cap V_{x_2}(y) \cap \cdots \cap V_{x_s}(y)$$

とおく. $V(y)$ は y の近傍である. さらに

$$V(y) \subset V_{x_i}(y), \quad i = 1, 2, \ldots, s$$

だから, (1) と (2) により

$$V(y) \cap \tilde{V}(x_i) \subset V_{x_i}(y) \cap \tilde{V}(x_i) \subset V_{x_i}(y) \cap V(x_i) = \phi$$

したがって, 左辺の i に関する和集合をとって

$$V(y) \cap S = \phi$$

これで証明された. ∎

前講の結果とあわせれば, 要するに次のことが成り立つということである.

X をコンパクトな T_2 空間とし, $S \subset X$ とする.

S が閉集合 $\Longleftrightarrow$ S がコンパクト

コンパクトな T_2 空間と連続写像

すぐ上に述べたことは, コンパクト空間からコンパクト空間への連続写像に関し, 興味ある結果へと導く. そのことを説明しよう. いま X はコンパクト空間とし, また Y は T_2 空間とする. この仮定のもとで

φ を X から Y への連続写像とする. このとき, X の任意の閉集合 F に対して, $\varphi(F)$ は Y の閉集合となる.

実際, コンパクト空間 X の閉集合 F はコンパクトであり, したがって $\varphi(F)$ はコンパクトであるが, このことと上のことから $\varphi(F)$ は Y の閉集合となると結論されてしまう.

第 8 講でも注意したように, 空間に何の条件もおかなければ, 閉集合の連続像は一般には閉集合にならないのだから, 上の結果は, コンパクト性がいかに強い性質かをあらためて明らかにしているといえる.

このことからまた, 次の結果が成り立つ. これはよく用いられるので定理の形で述べておこう.

【定理】 X, Y をコンパクトな T_2 空間とする. X から Y の上への 1 対 1 の連続

写像 φ が存在すれば，φ^{-1} も連続となり，したがって X と Y は同相となる．

なぜなら，このとき X の閉集合は必ず Y の閉集合へと移り，このことは逆写像 φ^{-1} が連続であることを示しているからである．

この定理の原形に遡ってみると，それは微積分の教科書の中に見出される次の定理であることに気がつくだろう：'区間 $[0, 1]$ で定義された連続な増加関数 $y = f(x)$ が与えられたとき，逆関数もまた連続である'

T_3 空 間

分離公理の (T_3) は，位相空間の歴史の過程で現われたが，最近では特にこの条件をみたす空間を，T_3 空間として述べる機会は少なくなったようである．

T_3 空間でも (T_1) をみたさないものも存在する．しかしもし，T_3 空間が同時に (T_1) をみたしていれば，1 点からなる集合は閉集合となるから，条件 (T_2) は成り立ち，したがって T_2 空間となる．このような空間を正則空間という．

T_4 空 間

(T_4) をみたしていて，さらに (T_1) もみたしていると，必然的に (T_2) をみたしている．このような空間を正規空間という．すなわち，正規空間とは，(T_2) と (T_4) を同時にみたす空間である．

正規空間の概念は重要である．ここでは証明は述べないが，距離空間は正規空間である．この証明を読者が試みら

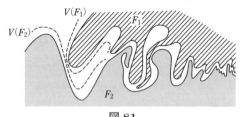

図 81

れようとすると，思いのほか証明が厄介そうだということに気づかれるだろう．それは (T_4) 条件が，1 点の近くの性質ではなくて，何か空間の大域的な近さの性質に関係しているからである．たとえば図 81 で示したような，平面上の 2 つの閉集合を分離する開集合を求めるためには，空間全体にわたる近さのつながり具合を調べることが必要となるだろう．

(T_4) 条件と正規空間については残った 2 講で詳しく述べる．

Tea Time

質問 コンパクトな T_2 空間の間の 1 対 1 の連続写像は同相写像になるということでしたが，これに多少関連することで，2 つの空間が同相であるということについて，一つ質問したいことが出てきました．次のような問題の答を教えてください．'2 つの位相空間 X と Y の間に，X から Y の上への 1 対 1 連続写像 φ，Y から X の上への 1 対 1 連続写像 ψ があれば，X と Y は同相といえるか？'

答 問題は，φ^{-1} の連続性は，Y から X へ向けての別の 1 対 1 連続写像 ψ があれば，それから導かれるかということである．この種の問題は微妙であって，一般には答えられないことも多い．この問題については，幸い成り立たない反例を知っているので，その反例を紹介しておこう．

X としては，数直線上の可算個の開区間

$$I_0 = (0,1), \quad I_1 = (2,3), \quad I_2 = (4,5), \quad \ldots, \quad I_n = (2n, 2n+1), \quad \ldots$$

と点列

$$p_0 = \frac{3}{2}, \quad p_1 = \frac{7}{2}, \quad p_2 = \frac{11}{2}, \quad \ldots$$

をとる．

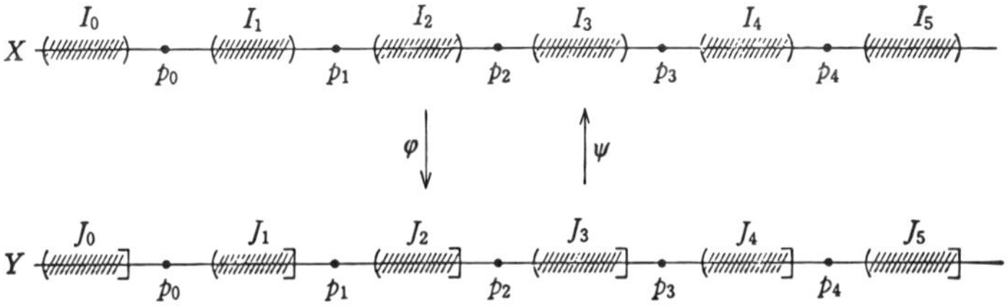

図 82

Y としては，数直線上の可算個の半閉区間

$$J_0 = (0,1], \quad J_1 = (2,3], \quad J_2 = (4,5], \quad \ldots, \quad J_n = (2n, 2n+1], \quad \ldots$$

と点列 $p_0, p_1, p_2, \ldots$ をとる (図 82)．

まず X と Y は同相でないことを注意しよう．なぜならもし同相とすると連結

200   第 28 講 分 離 公 理

成分は連結成分へと移されなければならず，そのことから，たとえば I_0 はある J_n へ移らなければならない．しかし I_0 と J_n は同相でないことはすぐにわかるから，このようなことは絶対おきない．

しかし X から Y の上への 1 対 1 の連続写像 φ と，Y から X の上への 1 対 1 の連続写像 ψ は存在するのである．

φ の存在：φ は，各 I_n を J_n の中に恒等写像として自然に移し，p_{2n} $(n = 0, 1, 2, \ldots)$ を J_n の右の端点 $2n + 1$ に移し，p_{2n-1} を p_n $(n = 0, 1, 2, \ldots)$ に移す写像として定義する．

ψ の存在：まず $\psi(p_n) = p_n$ $(0, 1, 2, \ldots)$ と定義する．

次に準備的な注意として

$$(0, 1) = \bigcup_{n=1}^{\infty} \left(1 - \frac{1}{n}, 1 - \frac{1}{n+1} \right]$$

が示すように，開区間は可算個の半開区間の直和として表わされるという事実を思い出しておこう．

そこで半閉区間の可算列

$$\boldsymbol{J} = \{J_0, J_1, J_2, \ldots, J_n, \ldots\}$$

に注目し，$\boldsymbol{J}$ を，可算個の可算集合族に分解する：

$$\boldsymbol{J} = \boldsymbol{J}_0 \sqcup \boldsymbol{J}_1 \sqcup \boldsymbol{J}_2 \sqcup \cdots \sqcup \boldsymbol{J}_k \sqcup \cdots$$

各 $\boldsymbol{J}_k$ は，可算個の $J_s^{(k)}$ $(s = 1, 2, \ldots)$ からなる．この可算個の半閉区間 $J_s^{(k)}$ $(s = 1, 2, \ldots)$ を，上の注意のように順次端点で貼り合わすことにより

$$\bigcup_{s=1}^{\infty} J_s^{(k)} \longrightarrow I_k$$

への 1 対 1 の連続写像が得られる．$k = 0, 1, 2, \ldots$ に対してこの操作をすべて行なえば，各 J_n の行く先が決まって，それによって ψ が定義される．

このようにしてつくった φ と ψ は，最初に述べた性質をもった写像である．このことは自分で確かめてみるとよい．

第 **29** 講

ウリゾーンの定理

― テーマ ―

◆ 連結な位相空間の濃度の問題

◆ 正規空間の場合の問題の解決

◆ この解決の途中に登場したウリゾーンの定理

◆ (T₄) 条件は，条件自身の中にくり返しを許す性質が隠されている．

◆ 2 つの共通点のない閉集合の間を結ぶ開集合の系列

◆ 連続関数の存在

◆ (Tea Time) (T₄) 条件とウリゾーンの定理の同値性

問題の誕生

もう今から 70 年近くも昔の話となってしまったが，1920 年前後に次のような問題が考えられていたようである．

問題 少なくとも 2 点を含む連結な位相空間の集合としての濃度は $\geqq \aleph$ か？

ここで $\aleph$ は，実数の集合の濃度，すなわち連続体の濃度を表わしている．この問題を最初に提起した数学者は誰であったか，私は知らない．この問題の当初の関心は，集合論と位相空間とを結びつける 1 つの架け橋として，連結性という概念の意味があるのではないかと考えたのではなかろうか．感覚的には，連結な空間では点がばらばらに離れているはずはなく，したがって点はつながっている状況を示しているに違いない．もしそうだとすれば，その濃度は少なくとも $\aleph$ はなくてはならないだろうと肯定的に予想するのが，問題の趣旨である．

しかし別の観点からみれば，全く抽象的に与えられた位相空間の性質が，空間の点の濃度まで規定してしまうような力をもつのだろうか．位相空間のもつ徹底した抽象性に眼を凝らせば，この問題の成立は疑わしいようにもみえてくる．

202   第29講　ウリゾーンの定理

問題の解決——ウリゾーンの登場

　この問題の成立に関する2つの相反する予想は，結果においては，両方とも正しい予想であったといってよかったのである．

　まずこの問題は，全く無条件では成り立たない，一般の位相空間では反例があるのである．実際は正則空間，すなわち (T_1) と (T_3) の分離条件をみたしながら，なお可算個の点からなる連結空間が存在する．位相空間の抽象性は，正則空間までできても，なおこのような反例の存在を阻止し得ないのである．

　それではこの問題が肯定的に解ける位相空間のカテゴリーは，どのようなカテゴリーなのか．これに対する決定的な答は，1924年，ロシアの数学者ウリゾーンによって与えられた．

　ウリゾーンの答は次のようなものであった．

（♯）　少なくとも2点を含む連結位相空間が，正規空間ならば，その濃度は $\geqq \aleph$ である．

ウリゾーンの定理

　ウリゾーンは，この問題の答を求める過程で，有名なウリゾーンの定理を発見し，それをさらに意外な方向に発展させたのである．

　ウリゾーンの定理は次のように述べることができる．

【定理】　X を T_4 空間とし，F_0, F_1 を共通点のない X の閉集合とする．このとき，X 上で定義された実数値連続関数 $f(x)$ で，次の性質をみたすものが存在する．

　　(i)　$0 \leqq f(x) \leqq 1$

　　(ii)　$x \in F_0$ のとき　　$f(x) = 0$

　　(iii)　$x \in F_1$ のとき　　$f(x) = 1$

　この定理から（♯）がどのように導かれるか述べておこう．X を少なくとも2点

を含む連結な正規空間とする. X の異なる 2 点を x_0, x_1 とする. X は (T$_1$) を みたしているから $\{x_0\}$, $\{x_1\}$ は閉集合である. したがってウリゾーンの定理か ら, x_0 で 0 の値をとり, x_1 で 1 の値をとる X 上の連続関数 $f(x)$ が存在する. $0 \leqq f(x) \leqq 1$ である. f を X から $\boldsymbol{R}$ への連続写像と考えると, X の連結性か ら, $f(X)$ は $\boldsymbol{R}$ の連結な集合となる. $f(X) \ni 0, 1$ により, これから

$$f(X) = [0, 1]$$

が結論される (第 9 講参照). したがって任意の t $(0 \leqq t \leqq 1)$ に対して, ある点 $x_t \in X$ があって $f(x_t) = t$ となる. この x_t はすべて異なるから, この x_t 全体 のつくる X の部分集合の濃度は $\aleph$ である. したがって X の濃度は $\geqq \aleph$ でなけ ればならない. これで (♯) が証明された.

まことに目を瞠るような推論である！

(T$_4$) 条件の検討

ウリゾーンの定理を証明する前に, (T$_4$) 条件を検討してみよう. (T$_4$) 条件を 共通点のない 2 つの閉集合 F_0, F_1 に対して適用すると

$$F_0 \subset U, \quad F_1 \subset V$$

となる開集合 U, V で $U \cap V = \phi$ となるものが存在することがわかる.

$$F_0 \cap F_1 = \phi \Longleftrightarrow F_0 \subset F_1{}^c$$
$$U \cap V = \phi \Longleftrightarrow U \subset V^c$$

に注意すると, (T$_4$) 条件は

$$
\boxed{
\begin{array}{c}
F_0 \subset F_1{}^c \Longrightarrow \text{ある開集合} \, U, V \, \text{が存在して} \\
F_0 \subset U \subset V^c \subset F_1{}^c
\end{array}
}
$$

と書き直される. F_1 は閉集合だったから, $F_1{}^c$ は開集合である. また V^c も閉集 合である. ここに現われた集合の開集合, 閉集合だけに注目してこの仮定と結論 を書いてみると, 次のようになる.

$$
\boxed{\text{閉集合} \subset \text{開集合} \Longrightarrow \text{閉} \subset \text{開} \subset \text{閉} \subset \text{開}}
$$

すなわち, 簡単にいえば, (T$_4$) 条件は, 閉 $\subset$ 開 という関係があれば, その間に,

閉 ⊂ 開 ⊂ 閉 ⊂ 開 と 2 つの集合を挟んでいくことができるということである.

ところがこの結論の方のはじめと終りの 2 つの対

$$\overbrace{\text{閉} \subset \text{開}} \subset \overbrace{\text{閉} \subset \text{開}}$$

は, ちょうど仮定の形となっている. したがって, ここにもう一度 (T_4) 条件が使えて

$$\text{閉} \quad \subset \quad \text{開} \quad \subset \quad \text{閉} \quad \subset \quad \text{開}$$
$$\text{閉} \subset \text{開} \subset \text{閉} \subset \text{開} \quad \subset \quad \text{閉} \subset \text{開} \subset \text{閉} \subset \text{開}$$

のような関係が得られる. この傍線部分にまた (T_4) 条件が使える.

すなわち, (T_4) 条件は, 何度も何度もくり返して使っていけるような条件だったのである.

ウリゾーンの定理の証明

この (T_4) 条件のくり返しを, ある意味で極限まで追ってみることで, ウリゾーンの定理の証明が得られる. この極限移行を追ってみよう.

上のくり返しの操作に現われた開集合の系列に注目して, 次のように番号をふっていく. まず

$$F_0 \subset U \subset V^c \subset F_1{}^c \tag{1}$$

となる開集合 U を

$$U = U\left(\frac{1}{2}\right)$$

とおく. このとき $F_0 \subset U\left(\frac{1}{2}\right) \subset \overline{U\left(\frac{1}{2}\right)} \subset V^c \subset F_1{}^c$ に注意しておこう. これは V^c が閉集合だからである.

(1) の系列にもう一度 (T_4) 条件を使うと

$$F_0 \subset U\left(\frac{1}{4}\right) \subset \overline{U\left(\frac{1}{4}\right)} \subset U\left(\frac{1}{2}\right) \subset \overline{U\left(\frac{1}{2}\right)} \subset U\left(\frac{3}{4}\right) \subset \overline{U\left(\frac{3}{4}\right)} \subset F_1{}^c$$

をみたす開集合 $U\left(\frac{1}{4}\right)$, $U\left(\frac{3}{4}\right)$ が存在することがわかる.

これを n 回くり返すと, F_0 と $F_1{}^c$ の間にある開集合の系列

$$U\left(\frac{1}{2^n}\right), U\left(\frac{2}{2^n}\right), \ldots, U\left(\frac{k}{2^n}\right), \ldots, U\left(\frac{2^n-1}{2^n}\right)$$

が得られる．この系列は

$$k < k' \Longrightarrow U\left(\frac{k}{2^n}\right) \subset \overline{U\left(\frac{k}{2^n}\right)} \subset U\left(\frac{k'}{2^n}\right) \tag{2}$$

という性質をみたしている．

帰納法によって，結局，$\frac{k}{2^n}$ $(n=1,2,\ldots;k=1,2,\ldots,2^n-1)$ の形のすべての実数に対して，開集合

$$U\left(\frac{k}{2^n}\right)$$

が得られた．この開集合は (2) の性質をみたしている．なお $\frac{k}{2^n}$ の形の実数は $[0,1]$ で稠密なことを注意しておこう．

集合の包含関係にだけ注目して，この開集合族 $\left\{U\left(\frac{k}{2^n}\right)\right\}$ を図示すると，図 83 のようになる．

この図は，海抜 0 の F_0 台地から，海抜 1 の F_1 台地までに等高線が稠密に引かれた

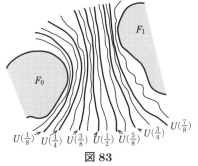

図 83

地図のようにみえる．この等高線は，空間 X 全体に引かれているから，空間 X の任意の点 x で'高さ' $f(x)$ が決まるだろう．しかし等高線は稠密に引かれているが，連続的に変わる高さまではまだ与えていない．

したがって最後に極限移行して，いわば土地を階段状から滑らかにする操作が必要である．すなわち $f(x)$ を厳密に定義するには，

$$f(x) = \begin{cases} 1, & x \notin \bigcup_{n,k} U\left(\frac{k}{2^n}\right) \\ \inf\{r \mid x \in U(r)\} \end{cases}$$

とおく．

このとき $0 \leqq f(x) \leqq 1$ で，$x \in F_0 \Longrightarrow f(x) = 0$; $x \in F_1 \Longrightarrow f(x) = 1$ は明らかであろう．

$f(x)$ の連続性を示す必要があるのだが，それは，どんなに細かく等高線をとっても，(2) によって，2 つの等高線の間には閉包による分け目があり，いわば直観的には，断崖は決して生じないというようなことで示すことができる．この形式

的な証明は省略しよう．$f(x)$ は定理で述べた性質をもつ関数となっている．

これでウリゾーンの定理が証明された． ∎

なお，ウリゾーンはこの定理を証明した同じ年の夏，水泳中事故で亡くなった．わずか 26 歳であった．この定理はウリゾーンの白鳥の歌である．

Tea Time

質問 (T_4) 条件があるとウリゾーンの定理が成り立つことはわかりましたが，(T_4) 条件をもっと弱めてもウリゾーンの定理が成り立つということはないのでしょうか．

答 実はウリゾーンの定理が成り立つような空間では必然的に (T_4) 条件が成り立っている．それは次のようにして示すことができる．X を，ウリゾーンの定理が成り立つような位相空間とし，F_0 と F_1 を共通点のない X の閉集合とする．仮定によって，F_0 上で 0，F_1 上で 1 の値をとる X 上の連続関数 $f(x)$ が存在する．このとき

$$U = \left\{x \,\middle|\, f(x) < \frac{1}{3}\right\}$$
$$V = \left\{x \,\middle|\, f(x) > \frac{2}{3}\right\}$$

とおくと，U, V はそれぞれ F_0, F_1 の開近傍であって，$U \cap V = \phi$ である．すなわち (T_4) が成り立つ．

したがって，位相空間に (T_4) 条件を課すことと，ウリゾーンの定理が成り立つことを要求することとは同じことなのである．ともに同値な性質を述べているのだが，どちらが広い適用性をもつかといえば，それはやはり，(T_4) 条件をくり返し使って得られたウリゾーンの定理の方がはるかに内容豊かで使いやすいといえる．

第 **30** 講

位相空間から距離空間へ

―― テーマ ――
◆ 位相空間へ向けての抽象化の方向
◆ その方向に対する批判としての距離づけ可能問題
◆ どのような条件があれば，位相空間は距離空間となるか．
◆ ウリゾーンの解決：可算基をもつ正規空間は，距離づけ可能である．
◆ R^∞ への埋めこみ

抽象化の方向と距離空間

　この講義全体の流れを，いま改めて振り返ってみると，数直線や平面の部分集合の位相の性質――点列が近づくという性質――を調べることから，まず話がはじまっていった．次に直線や平面の位相を規定している距離そのものに注目して距離空間への考察へと移り，最後に同相写像によって移り合う開集合族に着目して，位相空間の抽象的構成へ辿りつくという構成をとってきた．

　この流れは

$$\text{平面上の点集合論} \Longrightarrow \text{距離空間} \Longrightarrow \text{位相空間}$$

と表わされるが，数学史の上でも大体似たような流れを辿ってきた．上の図式を数学史の上での時間的な推移で書けば，大体

$$\text{1880 年代} \Longrightarrow \text{1900 年代} \Longrightarrow \text{1910 年} \sim \text{1920 年代}$$

のような流れになるであろうか．

　さて，このような抽象化へ向けてのこの矢印の示すような一方的な志向に対して，数学内部からの一つの反省が生じてきたのである．現実に数学のさまざまな局面に現われる位相空間は，直線や平面のときのようにあらかじめ標準的な距離が設定されているわけではないとしても，適当な距離を導入してみると，その距離によって位相が規定されているという場合が多い．このような位相空間は，本

208　第 30 講　位相空間から距離空間へ

当は距離空間と考えてよいのだが，距離が表面に出てきていないのである．距離
はひとまず隠されている．しかし実際は距離空間と考えてよい位相空間は，どの
ようにして特性づけることができるのだろうか．集合と部分集合族 (開集合族！)
の性質だけで規定されている位相空間の中から，2 点間の長さ (距離！) のような
具体的な考えを抽出してくることはできるのだろうか．

　この問題は難しそうである．しかしこの点を明確にしなければ，私たちは，抽
象的な位相空間を調べていくとき，この対象が，どれくらい距離空間に近い対象
なのか遠い対象なのか，判断の基準がなくなって，抽象の霧に包みこまれる空し
さを感ずるだろう．

距離づけ可能問題

　そこで 1910 年代の後半あたりから，しだいに距離づけ可能問題 (Metrization
Problem) というものがクローズ・アップされてきたのである．それは次のよう
に定式化される．

> 距離づけ可能問題：位相空間 X が与えられたとき，X がどのような
> 条件をみたすときに，X はある距離空間 (Y, d) と同相になるか？

　もし，X が距離空間 (Y, d) と，同相写像 φ によって同相となるならば，X に
距離を

$$\tilde{d}(x, y) = d(\varphi(x), \varphi(y))$$

として導入することにより，位相空間 X の位相はこの距離 $\tilde{d}$ から得られている
ことになる．

　この距離づけ可能問題の内蔵している問題の深さは次の点にある．位相空間の
枠組は，全体が集合概念の中に包みこまれている．一方，距離空間は，2 点間の
長さを測る基準として実数を採用している．その意味で，距離空間を支える基盤
は，集合概念よりは，むしろ実数そのものの中にあるといってよい．距離づけ可
能問題の問うていることは，抽象的な集合概念は，位相という考えを通して，再
び実数概念と出会う場所があるかということである．

ウリゾーンの解決

ウリゾーンの鋭い数学的感性は，ウリゾーンの定理を証明したあと，直ちに距離づけ可能問題の中にひそむこの論点に，敏感に反応したのだと思う．

ウリゾーンの定理は，この観点に立ってみると，(T₄) 条件は，抽象的位相空間の中に，実数値連続関数の存在を保証するという意味で，はじめて実数と結びつく道を拓いたのである．

いま X を，さらに正規空間とする．このときは，1 点 1 点が閉集合となっているから，相異なる 2 点 x, y に対して，つねに x で 0, y で 1 の値をとる実数値連続関数が存在する．したがって，X 上には，実に多くの実数値連続関数が存在することになる．このような実数値連続関数を適当に用いて，X に距離を導入していく方法はないだろうか．

しかし，第 23 講で示したように，距離空間には，各点の近傍に '可算性' がある．この可算性の条件をどこかで加えておかないと，X に距離を与えることはできないだろう．

ウリゾーンは，'ウリゾーンの定理' を発表した同じ論文の中で，それに引き続く形で次の定理を証明して，距離づけ可能問題に 1 つの終止符を打った．

【定理】 X を可算基をもつ正規空間とする．このとき X は距離づけ可能である．

可算基をもつ空間

上の定理の中で述べている可算基をもつ空間とは，どのような空間かをまず説明しておかなくてはならない．

位相空間 X が可算基をもつとは，次の性質 (♮) をもつ可算個の開集合族

$$\{O_1, O_2, \ldots, O_n, \ldots\} \tag{1}$$

が存在することである．

(♮) 任意の開集合 O に対し，(1) の適当な (有限または無限個の) 部分列 $\{O_{i_1}, O_{i_2}, \ldots, O_{i_n}, \ldots\}$ をとると

$$O = \bigcup_{i_n} O_{i_n}$$

210　第 30 講　位相空間から距離空間へ

と表わせる.

　すなわち, X の開集合族は, 可算個の組成分子 (1) をもっていて, 任意の開集合は, この組成分子から適当に組み立てられている (和集合!) というとき, X は可算基をもつというのである. (1) を X の開集合の可算基という.

　数直線 $\boldsymbol{R}$ や平面 $\boldsymbol{R}^2$ は可算基をもっている. 平面 $\boldsymbol{R}^2$ の場合だけ説明しておこう. x 座標, y 座標がともに有理数であるような点 (有理点) を中心として, 半径が有理数であるような開円全体は可算個である. それを

$$\{\tilde{O}_1, \tilde{O}_2, \ldots, \tilde{O}_n, \ldots\} \tag{2}$$

とする. さて, 平面の任意の開集合 O をとる. O の任意の点 x に対して

$$V_\varepsilon(x) \subset O$$

となる正数 ε が存在する. いま x から $\dfrac{\varepsilon}{3}$ 以内の距離にある有理点 y_0 を 1 つとり (有理点の稠密性), 次に y_0 を中心にして, 半径 r が $\dfrac{1}{3}\varepsilon < r < \dfrac{2}{3}\varepsilon$ をみたす有理数であるような開円 $\tilde{O}_n$ をとっておくと

$$x \in \tilde{O}_n \subset V_\varepsilon(x) \subset O \tag{3}$$

となる. $\tilde{O}_n$ は (2) の系列に含まれていることに注意しよう.

　O の各点 x に対してこのような $\tilde{O}_n$ を選び, 異なるものを

$$\{\tilde{O}_{i_1}, \tilde{O}_{i_2}, \ldots, \tilde{O}_{i_n}, \ldots\}$$

とする. $\bigcup_{i_n} \tilde{O}_{i_n}$ の中に O の点 x はすべて含まれているのだから

$$O \subset \bigcup_{i_n} \tilde{O}_{i_n}$$

である. 一方 (3) から, 逆の包含関係が成り立っている. したがって

$$O = \bigcup_{i_n} \tilde{O}_{i_n}$$

が成り立ち, (2) が $\boldsymbol{R}^2$ の可算基を与えていることがわかった.

　同様にして, n 次元ユークリッド空間 $\boldsymbol{R}^n$ も可算基をもつことがわかる. また $\boldsymbol{R}^\infty$ も可算基をもつ.

定理の証明 (概略)

　さて, 距離づけ可能定理の証明の概略を述べてみよう. X を可算基をもつ正規空間とする. X の開集合の可算基を

$$\{O_1, O_2, \ldots, O_n, \ldots\} \tag{4}$$

とする．この系列の中で

$$\bar{O}_m \subset O_n \tag{5}$$

をみたす対(O_m, O_n)の全体も可算集合をつくる．それを並べて

$$\{Q_1, Q_2, \ldots, Q_k, \ldots\} \tag{6}$$

とする．各Q_kは条件(4)をみたす開集合のある対(O_m, O_n)を示している．

いま，Q_kが(O_m, O_n)という対で与えられているとする．(5)は

$$\bar{O}_m \cap O_n{}^c = \phi$$

と表わされ，$\bar{O}_m, O_n{}^c$はそれぞれ閉集合だから，ウリゾーンの定理によって，X上の連続関数$f_k(x)$で

$$0 \leqq f_k(x) \leqq 1$$
$$x \in \bar{O}_m \Longrightarrow f_k(x) = 0$$
$$x \notin O_n \Longrightarrow f_k(x) = 1$$

となるものが存在する．このようにして(6)に対応してX上の連続関数の系列

$$\{f_1, f_2, \ldots, f_k, \ldots\}$$

が得られた．

そこでXから$\boldsymbol{R}^\infty$への写像φを，$x \in X$に対して

$$\varphi(x) = (f_1(x), f_2(x), \ldots, f_k(x), \ldots)$$

で定義する．

φは1対1である：実際$x \neq y$とすると，(4)をみたす対(O_m, O_n)で,

$$x \in O_m, \quad y \notin O_n{}^c$$

となるものが存在する．(これは(4)が開集合の基をつくっていることと，(T_4)条件からの結論である.) (O_m, O_n)が(6)の系列の中のQ_kで与えられているとすると，

$$f_k(x) = 0, \quad f_k(y) = 1$$

となる．したがって

$$\varphi(x) = (f_1(x), \ldots, \overset{k}{1}, \ldots)$$
$$\varphi(y) = (f_1(y), \ldots, 0, \ldots)$$

となり，$\varphi(x) \neq \varphi(y)$が得られる．これは$\varphi$が1対1のことを示している．

φ は連続である：これは各座標成分 $f_k(x)$ が連続関数であることと，$\boldsymbol{R}^\infty$ の位相のいれ方からわかる．

いま
$$Y = \varphi(X)$$
とおくと，Y は $\boldsymbol{R}^\infty$ の部分空間である．$\boldsymbol{R}^\infty$ は距離空間だから，その部分空間 Y も距離空間である．

実は，逆写像 $\varphi^{-1} : Y \to X$ も連続のことを証明することができる．

したがって φ は，X から，距離空間 Y への同相写像を与えている．このことは，X が距離づけ可能な空間であることを示している．

Tea Time

質問 可算基をもつ正規空間 X に，どのようにして具体的に距離をいれるのかと思ったら，X を $\boldsymbol{R}^\infty$ の中へ埋めこんで，$\boldsymbol{R}^\infty$ の距離を利用する方法をとったのに驚きました．しかしそれよりもっと，不思議に思ったことは，可算基をもつ正規空間は，すべて $\boldsymbol{R}^\infty$ の部分空間と考えてよいということでした．可算基をもつ正規空間というのは抽象的な概念でしたのに，どうして，無限個の座標をもつ空間ですが，座標空間 $\boldsymbol{R}^\infty$ の一部分と考えてよくなったのでしょうか．

答 抽象的な位相空間は，今までの数学にない全く新しい未知の世界を広げていくかと思ったのに，少なくとも可算基をもつ正規空間——応用に現われる位相空間は大体この条件をみたしている——は，すべて $\boldsymbol{R}^\infty$ という実数を並べた既知の世界の中で実現されてしまったということは，私も不思議な気がしている．なぜこうなったのかと聞かれても，上に証明したことによってであるとしか答えられない．

ただ，数学の既存の体系の中から本質的な性質を取り出して，全く抽象的な対象をつくってみても，この抽象的な対象は，多くの場合，よく知られた数の世界と深い絆で結ばれていることが判明する．またそのような形をとる抽象数学でないならば，数学の広い分野への適用性が乏しいというべきなのかもしれない．いずれにしても抽象数学といっても，抽象数学を支える数学者の思考は常に具体的

な数の世界からの光に照らされていることが，きっとどこかで反映しているのだろう．

　位相空間という考えも，この 30 講で述べてきた抽象的な理論構成の道を通り抜けて，現代数学のいろいろな分野への応用を目指すようになると，急に視界が広がってくるのである．

問題の解答

第1講

問1 $a \geqq 0$ のときは，$|a| = a$ から，明らか．$a < 0$ のときは，$a = -a'$ とおくと，$a' > 0$ で $|-a| = a'$, $a^2 = (-a')^2 = a'^2$. したがって

$$|a|^2 = a^2 = a'^2$$

問2

$$\frac{|a+b|}{1+|a+b|} = \frac{1}{\dfrac{1}{|a+b|}+1} \quad (\text{分母，分子を } |a+b| \text{ で割る})$$

$$\leqq \frac{1}{\dfrac{1}{|a|+|b|}+1} \quad ((\text{iii}) \text{ による})$$

$$= \frac{|a|+|b|}{1+|a|+|b|} = \frac{|a|}{1+|a|+|b|} + \frac{|b|}{1+|a|+|b|}$$

$$\leqq \frac{|a|}{1+|a|} + \frac{|b|}{1+|b|}$$

第3講

問1 (1) 1点 P からなる集合は，閉集合である．なぜなら，集合 {P} の点列といえば $P_1 = P_2 = \cdots = P_n = \cdots = P$ だけであって，これは明らかに P に近づく（！）からである．したがって，閉集合の基本的な性質 (F2) から，有限個の点もまた閉集合であることがわかる．

(2) 相異なる整数間の距離は 1 以上だから，$P_n \to P$ となる点列 $\{P_n\}$ が，整数の中にあるとすると，ある番号から先は，必ず $P_{n+1} = P_{n+2} = \cdots = P$ となっていなくてはならない．したがって P もまた整数を座標にもつ点である．

問2 有理数を座標にもつ点の集合を Q とする．$P_1 = 1.4, P_2 = 1.41, P_3 = 1.414, \ldots$ とすると，$P_n \in Q$ で，$P_n \to \sqrt{2}$ $(n \to \infty)$, $\sqrt{2} \notin Q$ である．ゆえに Q は閉集合ではない．また，任意に有理数 r と，正数 ε をとったとき，r の ε-近傍 $(r-\varepsilon, r+\varepsilon)$ の中には必ず無理数が存在する（$\frac{n}{m}\sqrt{2}$ の形の無理数は，数直線上に稠密に存在している）．したがって，Q は開集合ではない．

問3 $x \in \pi(O)$ とする．ある y が存在して $P = (x, y) \in O$ となる．P のある ε-近傍で，$V_\varepsilon(P) \subset O$ が成り立つが，$\pi(V_\varepsilon(P)) = (x-\varepsilon, x+\varepsilon)$（半径 ε の円を射影してみよ！）だから

$$(x-\varepsilon, x+\varepsilon) \subset \pi(O)$$

となる．したがって，$\pi(O)$ は開集合である．

第4講

問1 $\{a_1, a_2, \ldots, a_n, \ldots\}$ は上に有界だから，上端 c が存在する．$a_n \leqq c$ である．上端の性質 2) から，どんな小さい正数 ε をとっても，ある a_n が存在して $c - \varepsilon < a_n$．したがってまた，単調増加性から，$m \geqq n$ のとき $c - \varepsilon < a_m$．ゆえに $m \geqq n$ のとき

$$0 \leqq c - a_m < \varepsilon$$

このことは $\lim_{m \to \infty} a_m = c$ を示している．

問2 集積点の集合は

$$\left\{ 0, \frac{1}{n} \,\middle|\, n = 1, 2, \ldots \right\}$$

である．

第9講

問1 $M \cup N$ が連結でなかったとして矛盾の生ずることをみるとよい．$M \cup N = \tilde{O}_1 \cup \tilde{O}_2$ と開集合により分割されたとする．$\tilde{O}_1{}' = M \cap \tilde{O}_1$，$\tilde{O}_2{}' = M \cap \tilde{O}_2$ とおくと，$\tilde{O}_1{}'$，$\tilde{O}_2{}'$ は M の開集合で $M = \tilde{O}_1{}' \cup \tilde{O}_2{}'$ である．M は連結だから，どちらか一方，たとえば $\tilde{O}_2{}'$ は空集合でなくてはならない．したがって $\tilde{O}_2 \subset N$．N について同様の推論を行なうと，今度は $\tilde{O}_1 \subset M$ が得られて，結局 $\tilde{O}_1 = M$，$\tilde{O}_2 = N$ が成り立つことになる．M と N には共通点があったのに，$\tilde{O}_1 \cap \tilde{O}_2 = \phi$ だから，これは矛盾である．

問2 M が連結でないと仮定する．$M = \tilde{O}_1 \cup \tilde{O}_2$ を開集合による分割とする．$\mathrm{P} \in \tilde{O}_1$，$\mathrm{Q} \in \tilde{O}_2$ をとる．そこで $[0, 1]$ から M への連続写像 φ で，$\varphi(0) = \mathrm{P}$，$\varphi(1) = \mathrm{Q}$ となるものをとり，$N = \varphi([0, 1])$ とおく．N は連結集合である．$\tilde{O}_1{}' = N \cap \tilde{O}_1$，$\tilde{O}_2{}' = N \cap \tilde{O}_2$ とおくと，$\tilde{O}_1{}'$，$\tilde{O}_2{}' \neq \phi$ であって，これらは N の共通点のない開集合となっている．N は $N = \tilde{O}_1{}' \cup \tilde{O}_2{}'$ と分割されるから，これは矛盾である．

第11講

問 d_1 が距離となることは，絶対値の性質から明らかであろう．

d_∞ についての三角不等式だけを示しておこう．

$$d_\infty(x, y) = \operatorname*{Max}_{1 \leqq i \leqq n} |x_i - y_i|$$

で右辺の最大値を，k 番目の座標でとったとする．このとき

$$d_\infty(x, y) = |x_k - y_k| \leqq |x_k - z_k| + |z_k - y_k|$$

$$\leqq \operatorname*{Max}_{1 \leqq i \leqq n} |x_i - z_i| + \operatorname*{Max}_{1 \leqq i \leqq n} |z_i - y_i|$$

$$= d_\infty(x, z) + d_\infty(z, y)$$

第14講

問1 (i) U，W が x の近傍ならば，$x \in O_1 \subset U$，$x \in O_2 \subset W$ をみたす開集合 O_1，O_2 が存在する．このとき，$O_1 \cap O_2$ は開集合であって，$x \in O_1 \cap O_2 \subset U \cap W$ をみたしている．

216   問 題 の 解 答

したがって $U \cap W$ も x の近傍である.

(ii)　$x \in O \subset W$ という開集合 O に対しては，もちろん $x \in O \subset S$ が成り立つから，S は x の近傍である.

問 2　S が閉集合ならば，S 自身が S を含む最小の閉集合だから，$\bar{S} = S$ である.

逆に $\bar{S} = S$ ならば，$\bar{S}$ が閉集合だから，S もまた閉集合である.

索　引

ア　行

R^∞　85
粗い (位相)　178

位相　1
　同じ――　117
　強い――　178
　弱い――　178
位相空間　166
位相的な性質　176
位相同型写像　115
1 対 1 の写像　43
一様収束　95
一様連続　139
inf N　30

上に有界　29
上への写像　43
ウリゾーンの定理　202

ε-近傍　12, 77
ε-δ 論法　59

同じ位相　117

カ　行

開円　18
開球　80
開近傍　167
　距離空間における――　99

開区間　12
開集合　167
　距離空間における――　95
　直線の――　20
　平面の――　20
　平面の部分集合における――　65
　――の加算基　210
　――の基本的な性質　20, 95
開被覆　122
下界　29
可算開被覆　122
可算基をもつ　209
可算被覆性　189
下端　30
関数の連続性　51
完全非連結　133
完備　138
　実数は――　32
完備化　154

逆写像　43, 114
逆像　44
球　81
距離　74
　空間の――　71
　数直線上の――　5
　積分による――　87
　平面上の――　9
距離空間　74
　――の可算性　161
　――の分離性　160

218　索　　　引

距離づけ可能問題　208
近傍　12, 167
　　距離空間における――　100
　　部分集合の――　101
　　平面の部分集合における――　65

区間縮小法　32

合成写像　44
構造　178
弧状連結　132
コーシー列　32, 134
細かい (位相)　178
孤立点　34
コンパクト　38, 120, 187
　　――な T_2 空間　196

サ　行

座標平面　8
三角不等式　75

下に有界　29
射影　183
写像　42
集合族の演算と写像　46
集合の演算と写像　44
集合列の演算と写像　46
集積点　26
収束　10, 75
　　$C(0, 1)$ のとき――　94
　　R^n のとき――　91
　　R^∞ のとき――　92
上界　29
上端　29

数直線　2
sup M　29

正規空間　198
正則空間　198

像　43
相対位相　190

タ　行

単位開球　80
単調に減少　11
単調に増加　11

近さの一様性　136
近づく　10
中間値の定理　70
直積位相　184
直積空間　184, 186

強い (位相)　178

T_1 空間　195
T_2 空間　195
T_3 空間　198
T_4 空間　198
ディスクリート位相　178

同相　115
同相写像　115, 175
同相である　175
トポロジー　7

ハ　行

ハウスドルフ空間　195

微分不可能な連続関数　148

部分空間　121, 190
ブルバキ　178

分離空間　195

分離公理　194

閉円　18

閉区間　12

閉集合　168

　距離空間における――　95

　直線の――　20

　平面の――　20

　平面の部分集合における――　65

　――の基本的な性質　22, 95

閉包　169

　距離空間における――　102

ベールの性質　142, 148

ベールの定理　142

ボルツァーノ・ワイエルシュトラスの定理　38

ヤ　行

有界 (直線の部分集合)　30

有界 (平面の部分集合)　36

有限開被覆　122

有限交叉性　126

有限被覆性　123

ユークリッド距離　79

ユークリッド空間　79

弱い (位相)　178

ラ　行

離散位相　178

ルベーグ積分　159

連結　128, 187

連結成分　131

連結な集合　187

　数直線上の――　67

　平面の――　67

連続　173

　$x = a$ で――　51

　距離空間における――　108

　数直線上の関数が――　52

連続関数のつくる空間　86

連続曲線　132

連続写像　173

　距離空間における――　108

　平面から平面への――　53

著者略歴

志賀浩二
（しがこうじ）

1930 年　新潟県に生まれる
1955 年　東京大学大学院数物系数学科修士課程修了
　　　　　東京工業大学理学部教授，桐蔭横浜大学工学部教授などを歴任
　　　　　東京工業大学名誉教授，理学博士
2024 年　逝去
受　賞　第 1 回日本数学会出版賞
著　書　「数学 30 講シリーズ」（全 10 巻，朝倉書店），
　　　　　「数学が生まれる物語」（全 6 巻，岩波書店），
　　　　　「中高一貫数学コース」（全 11 巻，岩波書店），
　　　　　「大人のための数学」（全 7 巻，紀伊國屋書店）など多数

数学 30 講シリーズ 4
新装改版 位相への 30 講　　　　　　定価はカバーに表示

1988 年 9 月 10 日　初　　版第 1 刷
2022 年 8 月 5 日　　　　　第 29 刷
2024 年 9 月 1 日　新装改版第 1 刷

著　者　志　賀　浩　二

発行者　朝　倉　誠　造

発行所　株式会社　朝　倉　書　店

東京都新宿区新小川町6-29
郵 便 番 号　162-8707
電　話　03(3260)0141
Ｆ Ａ Ｘ　03(3260)0180
https://www.asakura.co.jp

〈検印省略〉

© 2024 〈無断複写・転載を禁ず〉

中央印刷・渡辺製本

ISBN 978-4-254-11884-1 C3341　　　Printed in Japan

JCOPY ＜出版者著作権管理機構 委託出版物＞

本書の無断複写は著作権法上での例外を除き禁じられています．複写される場合は，
そのつど事前に，出版者著作権管理機構（電話 03-5244-5088，FAX 03-5244-5089，
e-mail: info@jcopy.or.jp）の許諾を得てください．

【新装改版】
数学30講シリーズ
(全10巻)

志賀浩二 [著]

柔らかい語り口と問答形式のコラムで数学のたのしみを感得できる卓越した数学入門書シリーズ．読み継がれるロングセラーを次の世代へつなぐ新装改版・全10巻！

1. 微分・積分30講　　208頁（978-4-254-11881-0）
2. 線形代数30講　　216頁（978-4-254-11882-7）
3. 集合への30講　　196頁（978-4-254-11883-4）
4. 位相への30講　　228頁（978-4-254-11884-1）
5. 解析入門30講　　260頁（978-4-254-11885-8）
6. 複素数30講　　232頁（978-4-254-11886-5）
7. ベクトル解析30講　　244頁（978-4-254-11887-2）
8. 群論への30講　　244頁（978-4-254-11888-9）
9. ルベーグ積分30講　　256頁（978-4-254-11889-6）
10. 固有値問題30講　　260頁（978-4-254-11890-2）